安徽省自然科学基金项目（2108085ME169）资助
安徽工程大学校级科研项目（Xjky2020008）资助
安徽工程大学引进人才科研启动基金（2019YQQ005）资助

计及精度参数的大重合度齿轮传动系统动力学特性研究

徐 锐／著

中国矿业大学出版社
·徐州·

内容提要

本书针对计及精度参数的大重合度齿轮传动系统动力学特性开展了深入研究,研究成果能为指导大重合度齿轮的精度参数设计及优化提供重要理论支撑。全书的主要内容有:绪论、大重合度齿轮精确齿廓构建及其刀具参数的影响分析、基于实际齿廓模型的大重合度齿轮时变啮合刚度研究、计及精度参数的大重合度齿轮传动误差分析、计及精度参数的普通重合度齿轮动力学模型构建及分析、计及精度参数的大重合度齿轮动力学模型构建及分析、总结与展望。

本书可供相关专业的研究人员借鉴、参考,也可供广大教师教学和学生学习之用。

图书在版编目(CIP)数据

计及精度参数的大重合度齿轮传动系统动力学特性研

究 / 徐锐著.—徐州:中国矿业大学出版社,2022.5

ISBN 978-7-5646-5373-6

Ⅰ.①计… Ⅱ.①徐… Ⅲ.①齿轮传动—动力学—研

究 Ⅳ.①TH132.41

中国版本图书馆 CIP 数据核字(2022)第 073495 号

书　　名	计及精度参数的大重合度齿轮传动系统动力学特性研究	
著　　者	徐　锐	
责任编辑	何晓明	
出版发行	中国矿业大学出版社有限责任公司	
	(江苏省徐州市解放南路　邮编 221008)	
营销热线	(0516)83884103　83885105	
出版服务	(0516)83995789　83884920	
网　　址	http://www.cumtp.com　**E-mail**:cumtpvip@cumtp.com	
印　　刷	苏州市古得堡数码印刷有限公司	
开　　本	787 mm×1092 mm　1/16　**印张** 11.25　**字数** 210 千字	
版次印次	2022 年 5 月第 1 版　2022 年 5 月第 1 次印刷	
定　　价	58.00 元	

(图书出现印装质量问题,本社负责调换)

前　　言

　　齿轮是一种非常重要的传动基础件,由于其具有传动功率大、传动精度高、承载能力强等优点,因此被广泛应用于各个行业。汽车、工程机械、轨道交通装备、机器人等领域的快速发展,对齿轮系统的传动性能提出了越来越高的要求。

　　采用大重合度齿轮能够有效地改善齿轮传动系统的承载能力、振动噪声、可靠性等方面的性能,但是由于其参与啮合的轮齿对数较多,而导致系统动态啮合性能对精度参数非常敏感。因此,开展计及精度参数的大重合度齿轮动态特性研究,能为大重合度齿轮的精度参数设计及优化奠定基础。鉴于此,本书就以下几个方面进行了研究:

　　(1) 通过分析大重合度齿轮滚刀齿廓的结构和特点,基于啮合原理推导了大重合度齿轮的齿廓方程,并研究了不同刀具参数对大重合度齿轮齿廓的影响规律。利用优化算法计算了滚刀的参数,得到了大重合度齿轮的实际齿廓,分析了基于实际齿廓的齿轮重合度计算方法。

　　(2) 分析了势能法计算啮合刚度的基本原理,并基于上述得到的大重合度齿轮的实际齿廓,利用势能法推导了大重合度齿轮的刚度计算模型,给出了计算实例。分析了不同因素对大重合度齿轮刚度的影响,根据分析结果可知,轮齿的过渡曲线、齿顶修缘、齿厚对大重合度齿轮的刚度均有不可忽视的影响。

　　(3) 根据不同精度参数的特点,构建了计及精度参数的大重合度齿轮齿面数学模型,并研究了计及精度参数的齿面接触分析方法，通过实例验证了所建模型和求解方法的正确性。阐述了齿轮副整体误差的概念，基于前面建立的模型分析了不同精度参数对齿轮副整体误差的影响。

（4）建立了一种包括齿轮副整体误差、时变啮合刚度、侧隙的新的非线性齿轮动力学模型。对比分析了不同条件下传统动力学模型和新动力学模型的动态特性。对比结果表明，建立的新动力学模型比传统模型能更好地描述系统特征。

（5）推导了基于齿轮副整体误差的大重合度齿轮非线性动力学方程，分析了不同精度参数对大重合度齿轮动态特性的影响。分析结果表明：一方面，在不同加工精度下的精度参数组合导致的齿轮系统动态响应有可能相差不大；另一方面，尽管加工精度相同，但由于精度参数的其他特征不同，可能会造成齿轮系统的动力学特性有较大差异。为此，提出了一种基于动态特性的大重合度齿轮的公差分析方法，并进行了实例分析。

本著作的研究成果能为指导大重合度齿轮的精度参数设计及优化提供重要理论支撑。

感谢安徽省自然科学基金项目（2108085ME169）、安徽工程大学校级科研项目（Xjky2020008）、安徽工程大学引进人才科研启动基金（2019YQQ005）对本著作出版的资助。

著　者

2021 年 11 月

目　　录

第 1 章 绪 论

1.1 课题研究背景及意义

齿轮是一种重要的传动基础件,由于其具有传动功率大、传动精度高、承载能力强等优点,因此被广泛应用于车辆、航空航天、仪器仪表等各个行业。齿轮具有悠久的发展历史,是各种机械系统中不可或缺的关键零件。齿轮行业不仅是装备制造业的基础性产业,也是国民经济建设设备领域的重要基础。虽然我国齿轮行业起步较晚,但是随着科学技术的不断发展,齿轮行业产业规模不断扩大,目前已成为我国机械基础件中规模最大的行业之一,产值也已位居世界第一。图 1-1 所示为我国 2010—2020 年的齿轮行业市场规模变化情况。

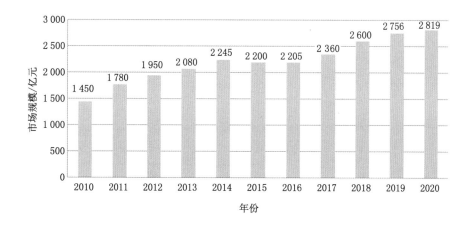

图 1-1 我国齿轮行业市场规模变化情况

齿轮系统作为各种机械系统中的重要传动装置,其性能直接影响了机械系统或机械设备的性能。尽管我国已成为齿轮制造大国,但齿轮技术与发达国家相比仍有不少差距,齿轮行业进出口逆差仍然很大。而汽车、工程机械、轨道交通装备、机器人等领域的快速发展,对齿轮传动性能的要求又在不断提高。因此,如何提高齿轮系统的综合性能来满足工业发展的需求是一个亟待解决的难题。为此,在国家相继发布的《国家中长期科学和技术发展规划纲要(2006—2020年)》[1]《中国制造2025》[2]《中华人民共和国国民经济和社会发展第十四个五年规划和2035年远景目标纲要》[3]《国家标准化发展纲要》[4]等文件中,明确提出要全面提升工业基础能力,重点推动齿轮等核心基础零部件领域的发展。

提高齿轮的传动性能意味着对其承载能力、振动噪声、可靠性等性能进行改善。齿轮根据重合度的大小可以分为NCR(Normal Contact Ratio)齿轮(即普通重合度齿轮,其重合度在1与2之间)和HCR(High Contact Ratio)齿轮(即大重合度齿轮,其重合度在2以上)[5]。对普通重合度齿轮而言,在啮合过程中单对齿和双对齿交替啮合,当只有单对齿啮合时,载荷完全由该对轮齿承担。而对于大重合度齿轮而言,由于重合度大于2,载荷至少可以由两对轮齿来共同承担,因此,齿轮的整体承载能力就会得到很大的提高。图1-2所示为普通重合度齿轮和大重合度齿轮的啮合情况。另外,根据研究可知:相对于普通重合度齿轮,大重合度齿轮在啮合过程中刚度波动要小,动态特性更好,因而产生的振动噪声更小[6],其噪声对比如图1-3所示。

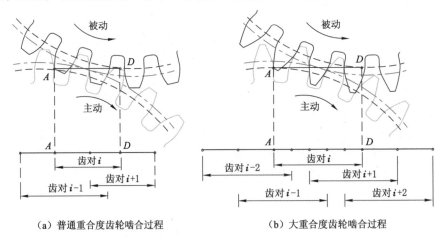

(a) 普通重合度齿轮啮合过程　　　　　　(b) 大重合度齿轮啮合过程

图1-2　普通重合度齿轮和大重合度齿轮的啮合过程对比

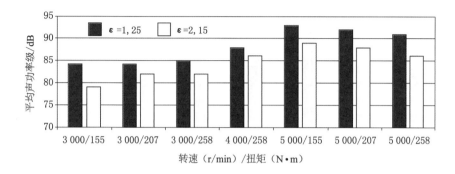

图 1-3　齿轮重合度与噪声的关系

由上述分析可知,采用大重合度齿轮能有效地提高齿轮传动系统的综合性能。但是,重合度增加意味着参与啮合的轮齿对数变多,那么,当加工和安装误差较大时就容易造成啮合轮齿产生干涉或分离,使得理论上的多对齿啮合变成了一对齿啮合,这样不仅不会提高传动性能,反而会导致啮合过程中承载能力的降低和传动噪声的增大。例如,国内某知名企业采用了大重合度(总重合度为 3.2)变速器传动结构,但由于其精度参数设计不合理,而造成加工误差过大,最终导致实验过程中发生了严重的齿根断裂失效,如图 1-4 所示。

图 1-4　变速器中失效的大重合度齿轮

综上所述,采用大重合度齿轮是一种提高传动系统综合性能的重要手段,但是由于其啮合轮齿对数增加会导致系统动态啮合性能对精度参数十分敏感,因此实际上,用来控制其精度的参数较多,包括齿廓偏差、齿距偏差、各种几何偏差等,不同类型、不同加工精度下的精度参数的特征和大小均有较大区别[7],它们对应的内在激励也会呈现出不同的特点,而不同精度参数作用下的内在激励又会因单个精度参数的变化而发生变化。例如,如图 1-5 所示,与单独考虑齿距偏差和偏心距偏差时的传动误差曲线相比,综合考虑两种偏差的

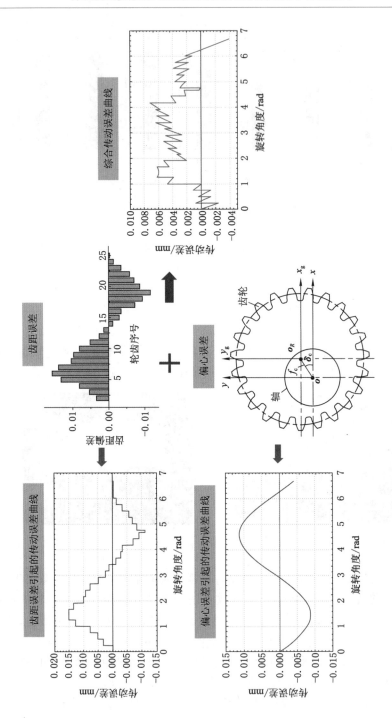

图1-5 齿距偏差和偏心距偏差对传动误差的影响

传动误差曲线与之有较大区别,其形态和大小由齿距误差的变动趋势和大小以及偏心误差大小、相位等共同确定,当任何一个因素发生变化时,传动误差曲线均会发生相应的变化。而且,由于齿轮动态啮合过程的复杂性,传动误差、啮合刚度、间隙等内在激励之间会相互作用,因而在不同工况下呈现出的动态性能又会有所不同。可见,为了保证大重合度齿轮优良的动态啮合性能,必须设计合理的精度参数,而实现这个目标的前提,则是要深入探讨精度参数对齿轮系统动态性能的影响。

因此,本书将以大重合度齿轮为研究对象,从大重合度齿轮的实际齿廓出发,构建计及不同精度参数的大重合度齿轮动力学模型,分析不同精度参数对大重合度齿轮动态特性的影响,并探索多种精度参数下的大重合度齿轮公差分析方法,为开展大重合度齿轮的精度设计及优化奠定基础。

1.2　国内外研究现状

1.2.1　大重合度齿轮的研究现状

虽然齿轮传动的研究有着悠久历史,但针对大重合度齿轮的研究却历时不长。其中,Rosen 等[8]较为完整地阐述了大重合度齿轮设计的思想。Anderson 等[9]对非标准直齿轮和大重合度直齿轮的效率进行了分析,并指出:虽然大重合度齿轮具有更高的滑动速度,但仍然可以通过选取合理的齿形参数来使其效率达到普通重合度齿轮的水平,而且能够保证大重合度齿轮的优势不受影响。Yildirim[10]针对大重合度齿轮开展了相关理论及实验研究。随后,其又针对大重合度齿轮的修形方法进行了研究[11-12]。

Mohanty[13]、Rameshkumar 等[5]针对大重合度齿轮载荷分配、接触应力、齿廓修形以及传动误差等问题进行了研究。Kuzmanovic 等[14-16]对齿轮胶合问题进行了探讨,并基于遗传优化算法建立了适用于大重合度齿轮的胶合计算方法。Sánchez 等[17]根据最小弹性势能原理提出了一种大重合度齿轮接触应力计算方法。随后,Pleguezuelos 等[18]利用该方法研究了普通重合度齿轮和大重合度齿轮的效率,提出了效率的近似计算公式,并分析了传动比、压力角等参数对效率的影响。

Pandya 等[19]基于有限元方法对大重合度齿轮的裂纹扩展进行了研究,并利用势能法研究了裂纹存在下的啮合刚度变化情况,研究结果表明:当存在裂纹时大重合度齿轮的啮合刚度会减小,而且随着裂纹长度的增加,刚度也会随之继续减小。Franulovic 等[20]分析了齿距误差对大重合度齿轮啮合过程中载荷分配的影响,并推导了齿距误差存在状态下两对齿同时接触的条件以及计算了载荷分配系数,通过上述的理论和实验研究发现,精度等级对载荷分配系数有重要的影响。

由于大重合度齿轮具有优良的传动性能,国内的很多专家学者对大重合度齿轮也进行了大量的研究。方宗德等[21]对普通重合度齿轮和大重合度齿轮的刚度、载荷分配、动态性能进行了理论计算和对比实验,分析了大重合度齿轮的性能优势,并提出了大重合度齿轮副的优化方法。罗立风等[22]应用边界元法计算了大重合度齿轮的刚度。王三民等[23]在大重合度齿轮动力学问题中加入了齿轮修形因素,并对此展开了研究。牛暐等[24]获得一种新型高强度、低噪声大重合度斜齿圆柱齿轮,并证明了其优越性。

尹刚[25]基于弹塑性接触有限元理论,运用有限元方法分析了大重合度斜齿轮接触应力沿接触线的分布状态,研究了不同摩擦系数时摩擦应力的分布状态。朱如鹏教授团队在大重合度行星齿轮传动系统的参数优化设计、强度、动态性能[26-29]以及大重合度齿轮的动力学分岔特性[30-31]等方面进行了深入研究。赵宁等[32]针对大重合度齿轮建立了多目标优化模型,并开展了优化研究。Chen 等[33]则提出了一种同时适合于大重合度齿轮和标准重合度齿轮的考虑轮齿误差的啮合刚度解析模型。

1.2.2 考虑精度参数的齿面建模研究现状

齿轮齿面数学模型的建立是进行齿面接触分析和动力学研究的重要基础,其建模的准确度直接影响后续齿轮接触和动力学问题研究成果的有效性和实用性。国内外关于齿轮接触和动力学研究的文献较多,但大部分所使用的接触模型或者动力学模型都是基于齿轮的理想齿面模型提出的,忽略了齿轮精度参数的影响[34-35]。虽然有些学者在研究中加入了某种或某类精度参数,但是所考虑的精度参数较为单一。例如在文献[36-37]的齿面模型中,精度参数仅考虑了齿廓偏差,没有涉及其他精度参数的建模。

实际上,产品的精度参数都在一定公差范围内进行变动,通过分析不同精度参数对性能指标的影响就能评价所设计公差的合理性。因此,所建立的数学模型不仅要能进行数学描述与表示,而且能够准确地解释公差信息的含义。对于齿轮而言,由于其结构的特殊性,需要控制的精度参数较多,因此在构造其数学模型时必须既要考虑关于本身轮齿结构的齿廓偏差、齿距偏差等精度参数,又要考虑控制轮齿空间位置的几何偏差精度参数。

针对前者建模的参考文献相对较少。Velex 等[36]建立了包括齿廓偏差和安装偏差的综合数学模型,并分析了上述偏差对齿轮动力学特性的影响。Bonori 等[37]通过在 K 形图内生成随机齿廓误差(图 1-6)来模拟制造误差,并以此为基础开展了动力学研究。

Mucchi 等[38]通过引入齿廓偏差数学模型构建了包括齿廓偏差、时变啮合刚度、间隙等因素在内的弹性动力平衡模型,该模型能够用于外啮合齿轮泵的动力学分析。Fernández 等[39]基于该齿廓偏差数学模型构建了一个包括齿廓误差、啮合刚度、齿轮侧隙、轴承间隙的非线性动力学模型,并分析了齿廓偏差对动力学行为的影响。上述文献中利用齿廓偏差数学模型模拟的曲线如图 1-7 所示。随后,他们又基于该动力学模型,进一步通过构建齿距偏差和跳动偏差的数学模型分析了这两种偏差对系统动力学特性的影响[40]。

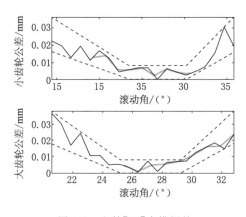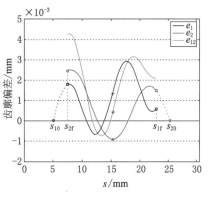

图 1-6 文献[37]中模拟的
随机齿廓偏差

图 1-7 文献[39]中模拟的
齿廓偏差及合成偏差

在几何偏差构建领域,成果已非常丰富,形成了一系列有代表性的模型和方法。1983 年,Requicha[41]以变动簇为基础,提出了一种实体漂移理论。随后,Jayaraman 等[42-43]以该理论为基础,提出了条件公差和虚拟边界需求等概念。Etesami[44]将漂移模型形式化,用公差规范语言来描述公差。Hoffmann[45]发展了一种新的公差模型,在该模型中公差被看成是由一系列以点矢量为参数构成的公差函数。

ASME(American Society of Mechanical Engineers,美国机械工程师协会)于 1994 年颁布的尺寸和公差数学定义的新标准,实质上也是用点集的矢量方程来定义公差域[46]。1994 年，Desrochers 等[47]提出技术与拓扑关联表面的公差表示模型（Technologically and Topologically Related Surfaces，TTRS），TTRS 定义为属于同一个实体由于功能原因而关联在一起的一对表面，为了便于实现公差信息的添加，对所提供的几何信息进行了重新组织。

1996 年，Bourdet 等[48]首先将小位移矢量簇（Small Displacement Torsor，SDT）引入公差领域，SDT 是表示刚体微小位移的 6 个运动分量（即 3 个沿坐标轴的平动分量和 3 个绕坐标轴的转动分量）所构成的矢量，用于描述几何要素的形状、位置、方向和尺寸偏差。由于该建模方法的实用性较高，因此国内外很多学者进行了相关研究[49-53]。

Roy 等[54-55]针对平面组成的多面体，基于要素自由度分析的方法建立了包含尺寸公差、形状公差、定向公差和定位公差的公差数学模型。Wang 等[56]在此基础上针对几种特征研究了由公差域-偏差空间映射的自由度分析模型，并利用此模型进行了公差综合与分析的研究。

Davidson 等[57-59]提出了一个与 ASME 标准兼容的公差图模型（Tolerance-Map，T-Map），T-Map 是一个假想的凸多面体形状点集空间，它的形状和尺寸反映了目标对象的类型和各种可能的变动。吴玉光等[60]提出一种基于控制点的公差数学模型，模型中控制点变动参数的定义域就是公差带，目标要素的控制点变动参数之间的相互制约关系可以表示方向公差和位置公差的相互作用关系。

1.2.3 齿轮非线性动力学研究现状

齿轮传动系统动力学是研究齿轮系统在传递动力和运动过程中动力学行为的一门学科，其研究目标是通过确定和评价齿轮系统的动态特性，为系统的设计和优化提供理论指导。齿轮系统动力学模型至今经历了从线性到非线性，从定常到时变的发展过程。根据模型中考虑因素的不同，可以将齿轮副动力学模型分为四种[61]：① 线性时不变模型；② 线性时变模型；③ 非线性时不变模型；④ 非线性时变模型。

其中，非线性时变模型同时考虑了齿侧间隙和时变啮合刚度等因素的影响，包含因素最多，逐渐被后来的学者所认可。近几年，相关学者在考虑传动误差、啮合刚度、齿轮动力学建模方法及动力学特性研究方面进行了大量的研究。

（1）传动误差的研究现状

传动误差是齿轮动力学系统的一种重要激励，指的是从动齿轮实际啮合位置与理论齿廓无变形啮合位置的偏差[62]。传动误差主要利用齿面接触分析(Tooth Contact Analysis,TCA)方法来求解,TCA 方法可以分为解析法和数值法。目前,在这两方面都涌现出了大量研究成果。

　　在解析法方面,Litvin 等[63-67]基于齿轮啮合原理开展了大量的研究工作。这种方法的基本原理是在构建两啮合齿面矢量方程的基础上,根据啮合关系来求解啮合点的位置,从而达到求解传动误差、接触轨迹、接触椭圆等目的,其求解原理如图 1-8 所示。随后,TCA 解析法在各种齿轮上得到了广泛应用[68-70]。

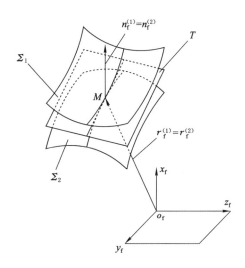

图 1-8　TCA 解析法的求解原理[67]

　　为了分析误差对传动性能的影响,很多学者在 TCA 分析中引入了各种误差。唐进元等[71-72]提出了一种考虑机床几何误差和齿轮安装误差的 ETCA(Error Tooth Contact Analysis)方法,并分析了上述两种误差对螺旋锥齿轮传动性能的影响;随后,又通过构建包含安装误差的主动轮鼓形齿的齿面数学模型,基于 TCA 方法分析了安装误差和鼓形参数对鼓形齿轮接触轨迹的影响,最后用实验进行了验证。蒋进科等[73]基于三坐标测量的齿面偏差数据构建了齿面的实际齿面模型,并进行了相应的 TCA 仿真研究。

　　在数值法方面,Schleich 等[74]通过将齿面进行离散化,基于主、从动轮啮合的几何关系对传动误差的计算方法进行了分析,并基于该方法对齿轮公差分析进行了探讨。图 1-9 所示为文献[74]中离散化 TCA 的求解原理图。

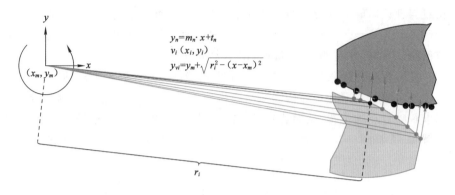

$$y_n = m_n \cdot x + t_n$$
$$v_i \, (x_i, y_i)$$
$$y_{vi} = y_m + \sqrt{r_i^2 - (x - x_m)^2}$$

图 1-9　离散化 TCA 的求解原理图[74]

Lin 等[75]提出了一种仅依据齿面方位矢量而不用考虑法向量来确定接触点坐标的数值方法。Sanchez-Marin 等[76]基于齿轮接触面的离散化和自适应网格细化提出了一种新的 TCA 数值方法。

（2）啮合刚度的研究现状

啮合刚度是指使轮齿在单位齿宽上发生单位变形所需的载荷大小[77]。国内外学者在啮合刚度的计算方面开展了大量研究。

1929 年，Band 等[78]基于悬臂梁理论对轮齿的弹性变形进行了研究。随后，Weber[79]从材料力学的角度出发将轮齿看作是悬臂梁，并通过分析其变形来计算轮齿的啮合刚度。根据日本机械学会技术资料[80]，石川公式也是基于悬臂梁理论的，同样能被应用于轮齿刚度计算。此后，一些学者[81-82]对刚度计算方法进行了改进。

Yang 等[83]将轮齿的变形看成是存储在啮合齿间的势能，并将其划分为赫兹势能、弯曲势能和轴向压缩势能。在此基础上，一些学者[84-86]对模型进行改进，在三种势能的基础上又增加了剪切势能和基体势能。随后，通过不断的改进和完善[87-88]，势能法的实用性得到很大提高，目前已经被广泛应用于齿轮刚度的计算。

随着有限元分析技术的发展，有限元常被应用于齿轮刚度的计算。Kiekbusch 等[89]针对直齿轮分别采用二维平面单元、三维实体单元建立齿轮接触分析模型，并分析了齿轮啮合刚度。Wei[90]以渐开线直齿轮为研究对象，通过构建其有限元模型，分析了齿轮的啮合刚度、传递误差、齿面接触应力和齿根弯曲应力，并与齿轮标准进行了对比，结果表明：利用上述两种方法均可以计算齿面接触应力和齿根弯曲应力。卜忠红等[91]采用有限元法对斜齿轮的刚度变化规律进行了研究。唐进元等[92]则对螺旋锥齿轮的刚度进行了有限元计算。

（3）齿轮动力学建模方法及动力学特性研究

在齿轮非线性动力学建模方法和动力学特性研究方面,国内外学者进行了大量的研究,具有代表性的有:

Driot 等[93]基于蒙特卡罗法研究了由于机械误差所导致的批量生产下齿轮的动力学行为变化问题。

Osman 等[94]将齿轮接触模型与一种考虑初始裂纹的三维动力学模型相结合,研究了齿轮接触疲劳与齿轮副动态载荷之间的关系,数值仿真结果与实验结果相吻合。同时,对齿廓上的三个关键点进行分析,结果表明齿轮接触疲劳强度明显取决于其动力学行为。

Parker(帕克)等研究了齿廓摩擦及其引起的轮齿弯曲对齿轮动力学的影响以及修形齿轮的非线性动力学问题[95],并给出了局部和整体接触损耗的解析解[96];同时,还研究了无间隙齿轮传动的时变啮合刚度问题,通过分析主动轮和被动轮刚度的关系研究了间隙与时变刚度之间的联系[97];在行星齿轮传动动力学方面做了较为深入全面的研究,建立了混合行星轮系的纯扭转振动动力学模型[98],研究了包括非均匀分布行星轮和弹性齿圈的行星齿轮传动系统的振动模式[99]。

Inalpolat 等[100]建立了考虑加工误差、周期性时变刚度和非线性齿侧间隙的动力学模型,对行星齿轮调制边带的预测问题进行了研究分析。

Mohammed 等[101]建立了包括陀螺效应的具有十二自由度的齿轮动力学模型,计算了齿轮副的时变啮合刚度,并对不同裂纹齿轮下的动力学特性进行了仿真分析。

Saxena 等[102]分别就正常齿轮和带裂纹齿轮的啮合刚度对系统动力学特性的影响进行了分析。

Bachar 等[103]构建了一个考虑速度、载荷、表面粗糙度等因素的齿轮动力学模型来预测传动系统的振动状态,并通过分析正常状态和故障状态的振动信号验证了该模型的有效性。

崔亚辉等[104]研究了齿侧间隙、时变啮合刚度、静态传动误差、不平衡质量和弹性转轴对齿轮-转子系统动态响应的影响,以及转速对动态响应的影响、齿侧间隙的变化对振幅跳跃现象的影响规律和转速与动态啮合力之间的关系。

卢剑伟等[105]基于非线性系统动力学的分析方法,建立了考虑随机装配侧隙的单对齿轮副系统动力学模型,分析了失稳指数与侧隙方差、侧隙均值与临界方差的关系。

石照耀等[106]基于齿轮副整体误差概念,综合考虑齿轮啮合过程的时变啮合刚度、误差激励等非线性因素,提出了一种新的考虑单、双齿啮合过程的直齿轮动力学模型,如图 1-10 所示。

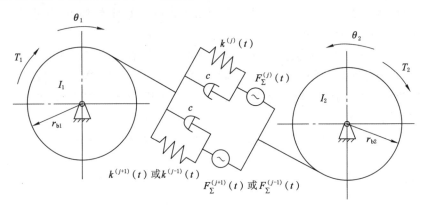

图 1-10　基于齿轮副整体误差的动力学模型[106]

李文良[107]在同样采用齿轮副整体误差理论的基础上考虑齿面摩擦以及时变啮合刚度构建斜齿轮动力学方程,并分析了在变转速的情况下载荷、阻尼对齿轮传动误差、最大啮合力以及动载系数的影响。

唐进元等[108]解决了考虑间隙、时变啮合刚度和齿面摩擦的齿轮非线性动力学键合图建模问题,建立了包含齿面摩擦、齿侧间隙、时变刚度和静态传递误差的齿轮传动非线性键合图模型。

Chen 等[109]基于实际测量的静态传动误差和侧隙对修形齿轮系统的动态特性进行了研究。Ma 等[110]依据所建立的动力学模型分析了不同修形参数和曲线对齿轮动力学特性的影响。Chen 等[111-112]基于分形理论构建了齿轮动力学模型,并分析了不同分形参数对齿轮动态特性的影响。

综上所述,国内外学者在大重合度齿轮及齿轮动力学方面进行了大量的研究,取得了丰硕的成果,但目前关于大重合度齿轮动力学特性方面的研究仍存在以下不足:

(1)大重合度齿轮的研究主要集中在轮齿载荷分配、应力分布、修形设计、参数优化等方面,关于大重合度齿轮的动力学特性研究较少,而且大部分研究忽略了精度参数对动力学特性的影响。

（2）在齿面建模方面,针对齿廓建模的文献较少,且所考虑的精度参数不足。尽管关于几何偏差建模的研究文献较多,但是以齿轮为研究对象的文献尚不多见。

（3）在齿轮动力学方面,虽然目前大部分文献所建立的动力学模型都考虑了传动误差的影响,但是所使用的传动误差表征方法太过笼统,没有真正从精度参数的角度来分析传动误差的形成及对动力学特性的影响;在刚度计算中所使用的齿轮齿廓与实际加工的齿廓有偏差,因而导致理论计算结果与基于实际加工齿轮的刚度有差异。另外,在动力学建模过程中往往将整个啮合过程等效成一对轮齿的啮合过程进行研究,忽略了实际啮合过程中每对轮齿之间的动力学行为,因而也就无法准确反映出参与啮合轮齿的内在激励（尤其是精度参数引起的误差激励）对系统动态特性的影响。

因此,为了充分发挥大重合度齿轮的优良性能,设计出科学合理的精度参数数值,非常有必要从精度参数角度探讨大重合度齿轮的建模方法及动力学特性。

1.3　主要研究内容

本书从实际加工角度出发,研究大重合度齿轮时变啮合刚度的计算方法,并通过分析齿廓误差、齿距偏差、几何偏差等精度参数的特点,构建计及精度参数的大重合度齿轮齿面数学模型,并以此为基础开展大重合度齿轮齿面接触分析,进而建立包括齿轮副整体误差、时变啮合刚度、侧隙的大重合度齿轮非线性动力学模型,最后基于该模型分析精度参数对大重合度齿轮动态特性的影响,并探讨大重合度齿轮的公差分析方法,为后续开展大重合度齿轮的精度设计及优化工作奠定基础。

本书的主要内容和章节安排（图 1-11）如下:

第 1 章为绪论。该部分主要阐述课题提出的研究背景和意义,分析关于大重合度齿轮设计和应用、齿轮齿面数学模型、传动误差、时变啮合刚度、动力学建模方法和动态特性等方面的研究现状,指出目前研究中存在的问题,给出本书的研究思路、主要研究内容及结构。

第 2 章为大重合度齿轮精确齿廓构建及其刀具参数的影响分析。从实际加工角度出发,分析大重合度齿轮滚刀的结构并建立其数学模型,基于齿轮啮合原理推导大重合度齿轮的齿廓方程,并分析不同刀具参数对大重合度齿轮

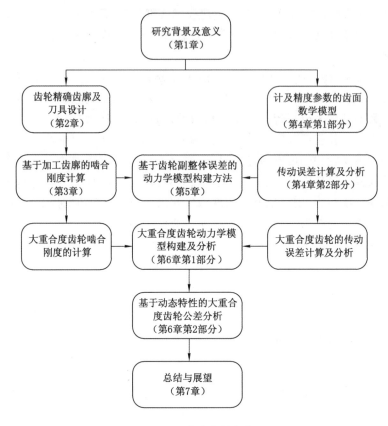

图 1-11　本书主体框架

齿廓的影响。采用优化算法对滚刀的齿廓参数进行优化,并模拟出大重合度齿轮的实际齿廓,最后分析基于实际齿廓的齿轮重合度计算方法。为后续研究基于实际加工齿廓的大重合度齿轮刚度计算奠定基础。

　　第 3 章为基于实际齿廓模型的大重合度齿轮时变啮合刚度研究。在比较齿轮啮合刚度不同计算方法的基础上,重点分析利用势能法计算啮合刚度的原理。基于前面建立的大重合度齿轮实际齿廓,利用势能法研究大重合度齿轮的刚度计算方法,并分析不同加工参数对啮合刚度的影响。

　　第 4 章为计及精度参数的大重合度齿轮传动误差分析。通过分析大重合度齿轮的不同精度参数特点,在建立大重合度齿轮名义齿面数学模型的基础上,结合不同精度建模方法构建计及精度参数的大重合度齿轮齿面数学模型,研究计及精度参数的齿面接触分析方法,并通过实例对该方法的正确性进行验证。在此基础上,通过引入齿轮副整体误差的概念,分析不同精度参数对齿轮副整体误差的影响,为后续分别计算普通重合度齿轮和大重合度齿轮动力学方程中的传动误差激励提供方法。

第 5 章为计及精度参数的普通重合度齿轮动力学模型构建及分析。阐述传统动力学模型的构建方法,分析其存在的不足,并针对这些不足建立一种包括齿轮副整体误差、时变啮合刚度、侧隙的新的非线性齿轮动力学模型。利用一种时变啮合刚度的精确拟合方法对刚度进行拟合,通过将刚度拟合结果和齿轮副整体误差模拟结果代入上述动力学方程,对不同条件下传统动力学模型和新动力学模型的动态特性进行对比分析。

第 6 章为计及精度参数的大重合度齿轮动力学模型构建及分析。通过分析大重合度齿轮的啮合过程,推导基于齿轮副整体误差的大重合度齿轮动力学模型,并分析不同精度参数对大重合度齿轮动态特性的影响。提出一种基于动态特性的大重合度齿轮的公差分析方法,并通过实例进行分析,为开展大重合度齿轮的精度参数设计及优化奠定基础。

第 7 章为总结与展望。总结本书研究的主要内容及结论,概括了主要创新点,针对研究中存在的不足,对后续的研究工作进行了展望。

第2章 大重合度齿轮精确齿廓构建及其刀具参数的影响分析

在以往大部分关于渐开线齿轮的文献中,均是以理想齿廓为研究对象,往往忽略了实际加工条件的影响,而实际上渐开线齿轮的齿廓与加工方法和加工参数有很大关系,那么,这样就会造成理论分析结果与实际结果有一定程度的偏差。因此,为了保证分析结果的准确性,必须考虑实际加工情况的影响。众所周知,齿轮加工方法可以分为成形法和展成法两大类。其中,展成法类效率更高,所以应用更为普遍。目前,展成法类中常采用的加工工艺为滚齿-剃齿和滚齿-磨齿。本章将以滚齿-剃齿工艺为例,从刀具加工角度出发分析大重合度齿轮的实际齿廓构成,并探讨相关参数对其齿廓的影响,为后续的大重合度齿轮刚度计算和动力学研究奠定基础。

2.1 大重合度齿轮精确齿廓构建

滚齿-剃齿工艺,即先采用剃前滚刀进行粗加工、再采用剃齿刀进行精加工的一种加工方法,因此涉及滚齿与剃齿工序之间的配合。图 2-1 所示为利用滚齿-剃齿工艺加工的大重合度齿轮的齿廓图。实际加工齿廓包括过渡曲线段、渐开线段、齿顶修缘段三部分。其中,实线为滚齿后的齿廓,渐开线段从起始点 q 开始,到终止点 t 结束;虚线为剃齿后的齿廓(即最终齿廓),渐开线段从起始点 Q(剃后渐开线与滚后过渡曲线相交形成)开始,到终止点 T(剃后渐开线与滚后齿顶修缘部分曲线相交形成)结束。可见,为了构建大重合度齿轮的实际齿廓,必须要求得过渡曲线段、渐开线段、齿顶修缘段方程,而这些均由刀具参数来决定,因此,本节将通过分析刀具的结构及参数来研究大重合度齿轮的实际齿廓。

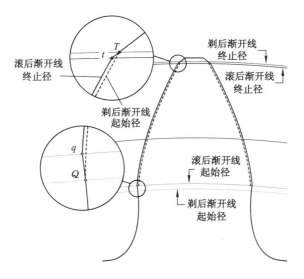

图 2-1　大重合度齿轮齿廓

2.1.1　剃前滚刀齿形结构分析及模型构建

滚齿加工过程通常被看作是基本齿条对齿轮的展成过程。对于剃前滚刀而言，其基本齿条法向齿廓（以下简称为滚刀齿廓）一般采用凸角修缘类型，即在普通齿条齿形的基础上增加了凸角部分和修缘部分。凸角主要是为了滚齿后在齿轮根部形成一定根切，防止剃齿后产生台阶以及剃齿时齿顶磨损过大、崩断等现象的出现。而修缘主要是为了在齿轮齿顶形成一定的倒角，防止齿顶进入啮合时产生冲击造成过大噪声。图 2-2 所示为凸角修缘类型滚刀，根据其凸角部分的过渡刃与滚刀齿顶圆弧是否相切又可以分为两种类型[113]，下面依次进行分析。

第一种是过渡刃与滚刀齿顶圆弧不相切。这种类型的滚刀齿廓由 7 段组成：主切削刃 AB 段、副切削刃 AG 段、凸角平行部分 FG 段、齿顶圆弧 EF 段、齿顶刃 DE 段、修缘刃 BH 段及齿底刃 CH 段。其中，齿顶圆弧 EF 段分别与过渡刃 AG 段和齿顶刃 DE 段相切于 F 点和 E 点。

图 2-2 中，$s_{\text{n,hob}}$ 为滚刀齿厚，即滚刀分度线上的厚度，其值一般为：

$$s_{\text{n,hob}} = \pi m_{\text{n}} - s_{\text{nr}} \tag{2-1}$$

式中，m_{n} 为被加工齿轮的法向模数；s_{nr} 为被加工齿轮滚后齿厚。

$\alpha_{\text{n,hob}}$ 为主切削刃 AB 段的齿形角，其值等于被加工齿轮的法向压力角

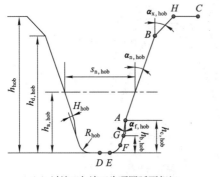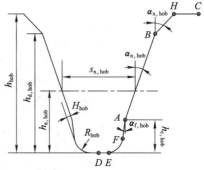

（a）过渡刃与滚刀齿顶圆弧不相切　　　　（b）过渡刃与滚刀齿顶圆弧相切

图 2-2　凸角修缘类型剃前滚刀

α_n；$\alpha_{f,hob}$ 为副切削刃 AG 段的齿形角，其与 $\alpha_{n,hob}$ 的关系一般可以写成如式（2-2）所示；$\alpha_{x,hob}$ 为修缘刃的齿形角，其值由被加工齿轮的齿顶厚和实际渐开线终止径确定。

$$\alpha_{f,hob} = \alpha_{n,hob} - 15° \tag{2-2}$$

$h_{a,hob}$ 为滚刀齿顶高，即齿顶刃到分度线的距离，对应齿轮的齿根高，即有：

$$h_{a,hob} = (m_n z - d_f)/2 \tag{2-3}$$

式中，d_f 为被加工齿轮的齿根圆直径。

h_{hob} 为滚刀全齿高，即齿顶刃到齿底刃的距离，一般比被加工齿轮的全齿高高出 0.1～0.3 mm，本书取 0.2 mm，即：

$$h_{hob} = [(d_a - d_f)/2] + 0.2 \tag{2-4}$$

式中，d_a 为被加工齿轮的齿顶圆直径。

$h_{d,hob}$ 为修缘高度，即齿顶刃到修缘刃起点的距离。

$h_{b,hob}$ 为凸角凸出部分径向高度；$h_{c,hob}$ 为凸角径向高度；H_{hob} 为凸角凸出部分法向高度，其关系如式（2-5）所示：

$$h_{c,hob} = h_{b,hob} + \frac{H_{hob} \cos \alpha_{f,hob}}{\sin(\alpha_{n,hob} - \alpha_{f,hob})} \tag{2-5}$$

R_{hob} 为滚刀齿顶圆弧 EF 段的半径。如果为整圆弧滚刀，其值为：

$$R_{full,hob} = \frac{s_{n,hob} + 2(H_{hob} \sec \alpha_{n,hob} - h_{a,hob} \tan \alpha_{n,hob})}{2\tan(\frac{\pi}{4} - \frac{\alpha_{n,hob}}{2})} \tag{2-6}$$

因此，R_{hob} 的范围为：

$$0 < R_{hob} \leqslant R_{full,hob} \qquad (2\text{-}7)$$

第二种是过渡刃与滚刀齿顶圆弧相切。这种类型的滚刀齿廓由 6 段组成：主切削刃 AB 段、副切削刃 AF 段、齿顶圆弧 EF 段、齿顶刃 DE 段、修缘刃 BH 段及齿底刃 CH 段。与前一种不同的是，凸角部分不再含有平行部分，而是由副切削刃 AF 段与齿顶圆弧 EF 段直接相切构成。

其凸角部分的几何关系变为：

$$h_{c,hob} = R_{hob}\left[1 - \frac{\cos \alpha_{f,hob} - \cos \alpha_{n,hob}}{\sin(\alpha_{n,hob} - \alpha_{f,hob})}\right] + \frac{H_{hob}\cos \alpha_{f,hob}}{\sin(\alpha_{n,hob} - \alpha_{f,hob})} \qquad (2\text{-}8)$$

该类型滚刀图示中其他字母含义及其计算方法与前一种类型相同。需要说明的是，虽然凸角类型与前一种不一样，但是该类型的齿顶整圆弧半径 $R_{full,hob}$ 的求解同式(2-6)。

本书在后文将主要以第一种类型的凸角修缘滚刀为例来研究，因此以下所提到的滚刀均是指该类型滚刀。

为了得到大重合度齿轮的齿廓，必须要先建立滚刀的齿廓模型。现在以第一种凸角修缘型剃前滚刀为例来建立滚刀齿廓模型。如图 2-3 所示，建立以滚刀齿槽中心为坐标原点 o_{hob}、分度线为 x_{hob} 轴、齿高方向为 y_{hob} 轴的坐标系。

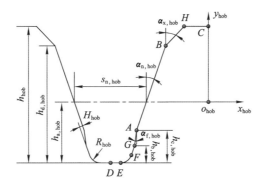

图 2-3 滚刀齿形坐标系

依据图 2-3 所示建立坐标系，通过分析滚刀各部分的几何关系，可以建立滚刀各段齿廓的参数方程。

（1）齿顶圆弧 EF 段

$$r_{hob} = \begin{bmatrix} x_{hob} \\ y_{hob} \\ 1 \end{bmatrix} = \begin{bmatrix} R_{hob}\left[\cos\lambda_1 - \tan\left(\dfrac{\pi}{4} - \dfrac{\alpha_{n,hob}}{2}\right)\right] + \\ (h_{c,hob} - h_{b,hob})(\tan\alpha_{n,hob} - \tan\alpha_{f,hob}) - \\ h_{a,hob}\tan\alpha_{n,hob} - (s_{n,hob}/2) \\ R_{hob}(1 - \sin\lambda_1) - h_{a,hob} \\ 1 \end{bmatrix} \tag{2-9}$$

其中，参数 λ_1 的范围为：

$$\alpha_{n,hob} \leqslant \lambda_1 \leqslant \pi/2 \tag{2-10}$$

（2）凸角平行部分 FG 段

$$r_{hob} = \begin{bmatrix} x_{hob} \\ y_{hob} \\ 1 \end{bmatrix} = \begin{bmatrix} \lambda_2 \\ y_F + (\lambda_2 - x_F)\cot\alpha_{n,hob} \\ 1 \end{bmatrix} \tag{2-11}$$

其中，参数 λ_2 的范围为：

$$\begin{cases} x_F \leqslant \lambda_2 \leqslant x_G \\ x_F = R_{hob}\left[\cos\alpha_{n,hob} - \tan(\dfrac{\pi}{4} - \dfrac{\alpha_{n,hob}}{2})\right] + \\ (h_{c,hob} - h_{b,hob})(\tan\alpha_{n,hob} - \tan\alpha_{f,hob}) - \\ h_{a,hob}\tan\alpha_{n,hob} - (s_{n,hob}/2) \\ x_G = (h_{c,hob} - h_{a,hob})\tan\alpha_{n,hob} + (h_{b,hob} - h_{c,hob})\tan\alpha_{f,hob} - (s_{n,hob}/2) \end{cases} \tag{2-12}$$

（3）过渡刃 AG 段

$$r_{hob} = \begin{bmatrix} x_{hob} \\ y_{hob} \\ 1 \end{bmatrix} = \begin{bmatrix} \lambda_3 \\ y_G + (\lambda_3 - x_G)\cot\alpha_{f,hob} \\ 1 \end{bmatrix} \tag{2-13}$$

其中，参数 λ_3 的范围为：

$$\begin{cases} x_G \leqslant \lambda_3 \leqslant x_A \\ x_G = (h_{c,hob} - h_{a,hob})\tan\alpha_{n,hob} + (h_{b,hob} - h_{c,hob})\tan\alpha_{f,hob} - (s_{n,hob}/2) \\ x_A = (h_{c,hob} - h_{a,hob})\tan\alpha_{n,hob} - (s_{n,hob}/2) \end{cases} \tag{2-14}$$

（4）主切削刃 AB 段

$$r_{hob} = \begin{bmatrix} x_{hob} \\ y_{hob} \\ 1 \end{bmatrix} = \begin{bmatrix} \lambda_4 \\ y_A + (\lambda_4 - x_A)\cot\alpha_{n,hob} \\ 1 \end{bmatrix} \tag{2-15}$$

其中,参数 λ_4 的范围为:

$$\begin{cases} x_A \leqslant \lambda_4 \leqslant x_B \\ x_A = (h_{c,hob} - h_{a,hob}) \tan \alpha_{n,hob} - (s_{n,hob}/2) \\ x_B = (h_{d,hob} - h_{a,hob}) \tan \alpha_{n,hob} - (s_{n,hob}/2) \end{cases} \quad (2-16)$$

(5) 修缘刃 BH 段

$$r_{hob} = \begin{bmatrix} x_{hob} \\ y_{hob} \\ 1 \end{bmatrix} = \begin{bmatrix} \lambda_5 \\ y_B + (\lambda_5 - x_B) \cot \alpha_{x,hob} \\ 1 \end{bmatrix} \quad (2-17)$$

其中,参数 λ_5 的范围为:

$$\begin{cases} x_B \leqslant \lambda_5 \leqslant x_H \\ x_B = (h_{d,hob} - h_{a,hob}) \tan \alpha_{n,hob} - (s_{n,hob}/2) \\ x_H = (h_{d,hob} - h_{a,hob}) \tan \alpha_{n,hob} + (h_{hob} - h_{d,hob}) \tan \alpha_{x,hob} - (s_{n,hob}/2) \end{cases}$$
$$(2-18)$$

(6) 齿底刃 CH 段

$$r_{hob} = \begin{bmatrix} x_{hob} \\ y_{hob} \\ 1 \end{bmatrix} = \begin{bmatrix} \lambda_6 \\ y_H \\ 1 \end{bmatrix} \quad (2-19)$$

其中,参数 λ_6 的范围为:

$$\begin{cases} x_H \leqslant \lambda_6 \leqslant x_C \\ x_H = (h_{d,hob} - h_{a,hob}) \tan \alpha_{n,hob} + (h_{hob} - h_{d,hob}) \tan \alpha_{x,hob} - (s_{n,hob}/2) \\ x_C = 0 \end{cases}$$
$$(2-20)$$

(7) 齿顶刃 DE 段

$$r_{hob} = \begin{bmatrix} x_{hob} \\ y_{hob} \\ 1 \end{bmatrix} = \begin{bmatrix} \lambda_7 \\ y_D \\ 1 \end{bmatrix} \quad (2-21)$$

其中,参数 λ_7 的范围为:

$$\begin{cases} x_D \leqslant \lambda_7 \leqslant x_E \\ x_D = -\pi m/2 \\ x_E = -R_{hob} \tan(\dfrac{\pi}{4} - \dfrac{\alpha_{n,hob}}{2}) + (h_{c,hob} - h_{b,hob})(\tan \alpha_{n,hob} - \tan \alpha_{f,hob}) - \\ \quad\quad h_a \tan \alpha_{n,hob} - (s_{n,hob}/2) \end{cases}$$
$$(2-22)$$

2.1.2 滚后齿廓模型构建

将上述滚刀坐标系中各段参数方程转换到齿轮坐标系中,即可得到对应齿廓的滚切轨迹线,即共轭曲线。为了实现坐标转换,建立如图 2-4 所示的滚刀与齿轮的运动坐标系。其中,$o_{hob}\text{-}x_{hob}y_{hob}z_{hob}$ 为滚刀坐标系,其沿着齿轮节线水平移动;$o\text{-}xyz$ 为齿轮坐标系,其绕齿轮中心转动;$o_f\text{-}x_fy_fz_f$ 为固定坐标系。

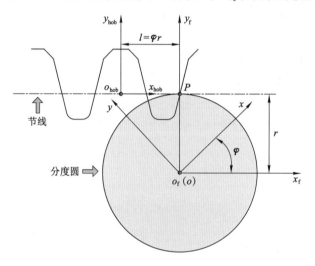

图 2-4　滚刀与齿轮的运动坐标系

设在初始位置三个坐标系的纵坐标轴 y_{hob}、y、y_f 重合,即滚刀坐标系原点 o_{hob} 与节点 P 重合。那么,当 $o_{hob}\text{-}x_{hob}y_{hob}z_{hob}$ 坐标系平移距离 l 时,齿轮转动的角度 φ 可以表示为:

$$\varphi = \frac{l}{r} \tag{2-23}$$

根据啮合关系,l 与滚刀坐标系上任一点 M 的坐标关系又可以表示为:

$$l = x_{hob} + y_{hob}\tan\gamma \tag{2-24}$$

式中,γ 为 M 点的切线与 x_{hob} 轴的夹角,即有 $\tan\gamma = \mathrm{d}y_{hob}/\mathrm{d}x_{hob}$。

那么,由滚刀坐标系到齿轮坐标系的转换表达式为:

$$\begin{bmatrix} x \\ y \\ 1 \end{bmatrix} = \begin{bmatrix} \cos\varphi & \sin\varphi & r(\sin\varphi - \varphi\cos\varphi) \\ -\sin\varphi & \cos\varphi & r(\cos\varphi + \varphi\sin\varphi) \\ 0 & 0 & 1 \end{bmatrix} \begin{bmatrix} x_{hob} \\ y_{hob} \\ 1 \end{bmatrix} \tag{2-25}$$

将滚刀齿廓上对应某一段齿廓的参数方程代入式(2-23)～式(2-25),即可得到该段齿廓的共轭曲线参数方程。例如，主切削刃 AB 的共轭曲线参数方程为：

$$\begin{cases} x = \lambda_4 \cos \varphi + [y_A + (\lambda_4 - x_{A,\text{hob}}) \cot \alpha_{n,\text{hob}}] \sin \varphi + r(\sin \varphi - \varphi \cos \varphi) \\ y = -\lambda_4 \sin \varphi + [y_A + (\lambda_4 - x_{A,\text{hob}}) \cot \alpha_{n,\text{hob}}] \cos \varphi + r(\cos \varphi + \varphi \sin \varphi) \end{cases}$$

$$(2\text{-}26)$$

转角 φ 的表达式为：

$$\varphi = \frac{x_{\text{hob}} + y_{\text{hob}} \cot \alpha_{n,\text{hob}}}{r}$$

$$= \frac{\lambda_4 + [y_A + (\lambda_4 - x_A) \cot \alpha_{n,\text{hob}}] \cot \alpha_{n,\text{hob}}}{r} \qquad (2\text{-}27)$$

其中，参数 λ_4 的范围为：

$$x_A \leqslant \lambda_4 \leqslant x_B$$

其他齿廓的共轭曲线同样可以利用上述方法得到，具体方程形式详见第 3 章。

2.2　刀具参数对大重合度齿轮齿廓结构的影响

2.2.1　刀具参数对大重合度齿轮过渡曲线部分的影响

齿轮过渡曲线部分对齿轮传动性能产生影响的主要指标是实际渐开线起始径、根切量以及齿根过渡圆弧半径。

实际渐开线起始径（True Involute Form diameter，TIF diameter）指的是精加工后实际的渐开线起始点所在圆对应的直径，由刀具参数确定。而有效渐开线起始径（Start of the Active Profile diameter，SAP diameter）指的是配对齿轮进入啮合时的啮合点所在圆对应的直径，由两啮合齿轮参数共同确定[114]。图 2-5 中标注了大重合度齿轮齿廓上对应的实际渐开线圆、有效渐开线起始圆和基圆。为了保证两齿轮啮合能够有足够的渐开线长度，一般实际渐开线起始径介于有效渐开线起始径和基圆直径之间。否则，会造成齿轮副的重合度降低以及产生振动噪声问题。如图 2-5 所示，Q 点为实际渐开线起始点，其对应的直径即为实际渐开线起始径。由于 Q 点为过渡曲线与剃后渐开线的交点，因此为了得到实际渐开线起始径，必须要求解 Q 点的坐标。通过对齿廓的形成进行分析，发现 Q 点是由 G 点或者过渡切削刃 AG 对应的

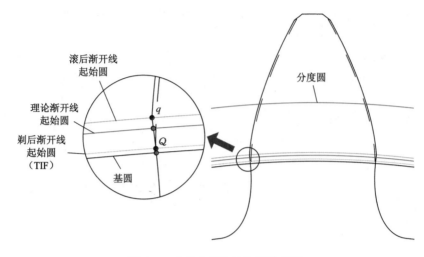

图 2-5 大重合度齿轮齿廓示意图

共轭曲线与剃后渐开线相交而成，其中以前者形成方式居多。

剃后渐开线可以看成是主切削刃 AB 平移留剃量 e_s 后得到的切削刃 UV 段切削而成，一般为了保证能够剃后渐开线与过渡曲线和修缘曲线相交，使 U 点对应的共轭点在基圆上，而 V 点与齿底刃高度一致即可。那么，切削刃 UV 的参数方程可以表示为：

$$r_{hob} = \begin{bmatrix} x_{hob} \\ y_{hob} \\ 1 \end{bmatrix} = \begin{bmatrix} \lambda'_4 \\ y_U + (\lambda'_4 - x_U)\cot\alpha_{n,hob} \\ 1 \end{bmatrix} \tag{2-28}$$

其中，参数 λ'_4 的范围为：

$$\begin{cases} x_U \leqslant \lambda'_4 \leqslant x_V \\ x_U = (-r + r_b)\tan\alpha_{n,hob} - (s_{n,hob}/2) + e_s \\ x_V = (h_{hob} - h_{a,hob})\tan\alpha_{n,hob} - (s_{n,hob}/2) + e_s \end{cases} \tag{2-29}$$

将上述方程代入式（2-23）~式（2-25），就能得到剃后渐开线的参数方程。通过联立剃后渐开线方程与 G 点或者过渡切削刃 AG 对应的共轭曲线方程求解，即可求得 Q 点的坐标。根据 G 点坐标和过渡切削刃 AG 的参数方程及式（2-28）可知，当 $\alpha_{n,hob}$ 和 $s_{n,hob}$ 确定时，渐开线起始径主要由 $h_{b,hob}$ 和 H_{hob} 确定。

对于根切量和齿根过渡圆弧而言，它们对齿根弯曲强度有很大影响。根切量指的是公法线上过渡曲线与剃后渐开线的最大距离[115]，如图 2-6 所示。从定义可以看出，其大小与滚刀凸角部分和剃后渐开线的位置（取决于留剃量

e_s)有关。而齿根过渡圆弧指的是由滚刀齿顶圆弧形成的与齿根圆相切的一段过渡圆弧(图 2-6),其大小与滚刀齿顶圆弧半径有关。

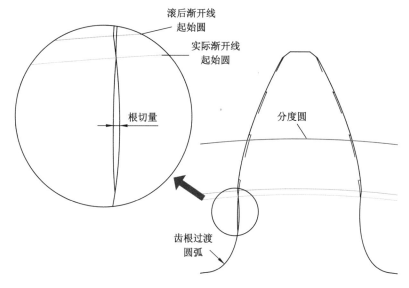

图 2-6　根切量和过渡圆弧半径示意图

下面以一对大重合度齿轮中的小齿轮(表 2-1)为例来分析刀具参数对渐开线起始径、根切量和齿根过渡圆弧半径的影响。

表 2-1　大重合度齿轮参数

参数	数值大小	
	小齿轮	大齿轮
模数/mm	3.25	3.25
齿数	25	32
压力角/(°)	20	20
齿顶高系数	1.35	1.35
变位系数	-0.14	-0.19
齿顶圆直径/mm	$\phi 89.01_{-0.02}^{0}$	$\phi 111.43_{-0.02}^{0}$
齿根圆直径/mm	$\phi 69.94_{-0.02}^{0}$	$\phi 92.365_{-0.02}^{0}$
跨齿距(滚齿)/mm	$24.72_{-0.03}^{0}/3$	$34.57_{-0.03}^{0}/4$
跨齿距(剃齿)/mm	$24.65_{-0.03}^{0}/3$	$34.50_{-0.03}^{0}/4$

在设计滚刀时,一般利用被加工齿轮参数的中值进行计算,例如跨齿距(滚齿)为 $24.72_{-0.03}^{0}/3$,那么其中值则为 $24.705/3$。根据式(2-1)~式(2-4),可以确定小齿轮的剃前滚刀参数为:$m_{\text{n,hob}}=3.25$,$s_{\text{n,hob}}=5.551$,$\alpha_{\text{n,hob}}=20°$,$\alpha_{\text{f,hob}}=15°$,$h_{\text{a,hob}}=5.66$,$h_{\text{hob}}=9.73$。

接下来,分析 $h_{\text{b,hob}}$、H_{hob} 和 R_{hob} 对大重合度齿轮齿廓的影响。图 2-7 所示为当 $H_{\text{hob}}=0.06$ 时 $h_{\text{b,hob}}$ 取不同值对渐开线起始径的影响。由图 2-7 可以看出,随着 $h_{\text{b,hob}}$ 不断增大,渐开线起始径也不断增大,即渐开线长度越变越小,但根切量和齿根过渡圆弧均不受影响。

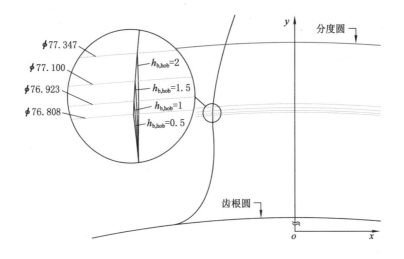

图 2-7　$h_{\text{b,hob}}$ 对大重合度齿轮齿廓的影响

图 2-8 所示为当 $h_{\text{b,hob}}=0.5$ 时 H_{hob} 取不同值对大重合度齿轮齿廓的影响。由图 2-8 可以看出,H_{hob} 不仅对渐开线起始径有影响,而且对根切量和齿根过渡圆弧均有影响。随着 H_{hob} 不断增大,渐开线起始径也不断增大,根切量也越来越大。同时,齿根过渡圆弧的曲率半径也变得越来越大。这主要是因为当 H_{hob} 变大之后,为了保证齿顶刃与凸角平行部分能够平滑过渡,滚刀齿顶圆弧也要随之增加。

图 2-9 所示为当 $h_{\text{b,hob}}=0.5$、$H_{\text{hob}}=0.06$ 时 R_{hob} 取不同值对大重合度齿轮齿廓的影响。由图 2-9 可以看出,随着 R_{hob} 不断增大,齿根过渡圆弧曲率半径逐渐增大,而渐开线起始径和根切量均不受影响。

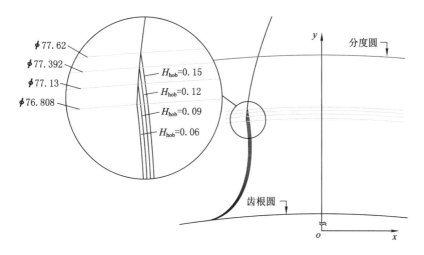

图 2-8 H_{hob} 对大重合度齿轮齿廓的影响

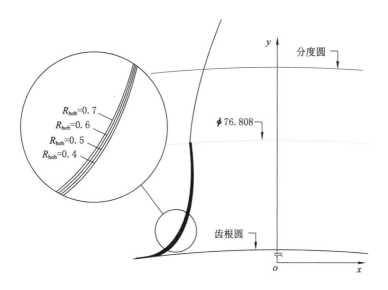

图 2-9 R_{hob} 对大重合度齿轮齿廓的影响

2.2.2 刀具参数对大重合度齿轮齿顶部分的影响

齿轮齿顶修缘可以有效减小齿轮传动中因传动误差引起的冲击,同时可以消除剃齿过程中产生的毛刺。但是,齿顶修缘也会减小实际渐开线终止径和齿轮齿顶厚,进而影响齿轮的重合度和承载能力。因此,在设计刀具的修缘参数时,既要保证具有一定的修缘量,又要保证实际渐开线终止径和齿轮齿顶厚符合传动要求。

由图 2-1 可知,T 点为实际渐开线终止点,其对应的直径即为实际渐开线起始径。由于 T 点为修缘刃 BH 形成的共轭曲线与剃后渐开线相交而成,因此,通过联立两曲线方程即可求得 T 点的坐标,从而得到实际渐开线终止点的直径。而 S 点的位置决定了齿顶厚的大小,其为修缘刃 BH 对应的共轭曲线与齿顶圆相交而成。齿顶圆的方程如下:

$$x^2 + y^2 = (d_a/2)^2 \qquad (2\text{-}30)$$

因此,通过联立两曲线方程即可求得 S 点的坐标,从而得到齿顶厚的大小。

从上述分析可知,T 点和 S 点与修缘刃 BH 有关,而修缘刃 BH 由修缘参数 $\alpha_{x,hob}$ 和 $h_{e,hob}$ 确定,可见为了得到符合要求的渐开线起始径和齿顶厚,需要对修缘参数 $\alpha_{x,hob}$ 和 $h_{e,hob}$ 进行设计。下面将分析修缘参数 $\alpha_{x,hob}$ 和 $h_{e,hob}$ 对大重合度齿轮齿廓的影响。

图 2-10 所示当 $\alpha_{x,hob}=55°$ 时 $h_{e,hob}$ 取不同值对大重合度齿轮齿廓的影响。由图 2-10 可以看出,随着 $h_{e,hob}$ 不断增大,渐开线终止径不断减小,同时齿轮齿顶厚也不断减小。

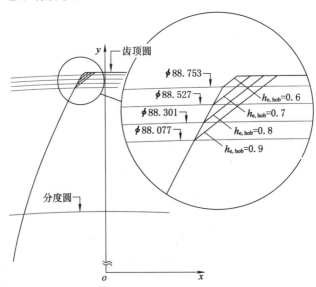

图 2-10 $h_{e,hob}$ 对大重合度齿轮齿廓的影响

图 2-11 所示为当 $h_{e,hob}=0.7$ 时 $\alpha_{x,hob}$ 取不同值对渐开线起始径的影响。由图 2-11 可以看出,随着 $\alpha_{x,hob}$ 不断增大,渐开线起始径不断减小,齿轮齿顶厚也随之不断减小,但后者减小程度比前者大很多。可见,为了保证合理的轮齿齿廓,必须要对刀具参数进行综合考虑。

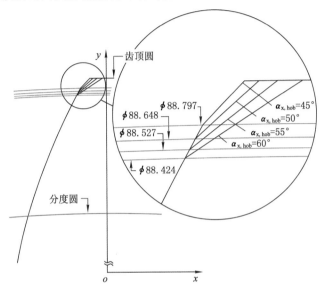

图 2-11　$\alpha_{x,hob}$ 对大重合度齿轮齿廓的影响

2.3　刀具参数的优化设计

2.3.1　刀具修缘参数的设计

根据前面的分析可知,修缘参数 $h_{e,hob}$ 和 $\alpha_{x,hob}$ 对渐开线终止径和修缘宽度有影响。因此,为了确定这两个参数的值,可以通过构建目标函数及利用优化算法来进行求解,其目标函数可以表示为:

$$\min f(h_{e,hob},\alpha_{x,hob})=\left|d_{EAP}-d'_{EAP}\right|+\left|s_{EAP}-s'_{EAP}\right| \tag{2-31}$$

式中,d_{EAP} 和 s_{EAP} 为优化过程中的渐开线终止径和修缘宽度;d'_{EAP} 和 s'_{EAP} 为目标渐开线终止径和修缘宽度。

优化参数 $h_{e,hob}$、$\alpha_{x,hob}$ 的变动范围为:

$$\begin{cases} h_{\text{emin,hob}} \leqslant h_{\text{e,hob}} \leqslant h_{\text{emax,hob}} \\ \alpha_{\text{xmin,hob}} \leqslant \alpha_{\text{x,hob}} \leqslant \alpha_{\text{xmax,hob}} \end{cases}$$

考虑大重合度齿轮的修缘和齿厚，给定参数为：

$$d'_{\text{EAP}} = \phi 88.60, \quad s'_{\text{EAP}} = 0.2$$

根据刀具几何结构和实际加工情况，可以设置 $h_{\text{e,hob}}$、$\alpha_{\text{x,hob}}$ 的变动范围为：

$$\begin{cases} 0.3 \leqslant h_{\text{e,hob}} \leqslant 0.9 \\ 40 \leqslant \alpha_{\text{x,hob}} \leqslant 60 \end{cases}$$

本书采用遗传算法来对上述目标进行优化，可以得到：

$$h_{\text{e,hob}} = 0.671, \quad \alpha_{\text{x,hob}} = 54.513°$$

即：

$$h_{\text{d,hob}} = 9.059, \quad \alpha_{\text{x,hob}} = 54.513°$$

2.3.2 刀具齿顶参数的设计

根据前面的分析可知，凸角参数 $h_{\text{b,hob}}$ 和 H_{hob} 对渐开线起始径和根切量有影响，而滚刀齿顶圆弧 R_{hob} 对齿轮齿根圆弧有影响。因此，可以建立如下优化模型：

$$\min f(h_{\text{b,hob}}, H_{\text{hob}}, R_{\text{hob}}) = |g - g'| \qquad (2-32)$$

式中，g 和 g' 分别为优化过程中变动和目标齿轮根切量。

一般为了提高齿根弯曲的强度，有如下关系：

$$R_{\text{hob}} = \min \left\{ \frac{h_{\text{b,hob}}}{1 - \sin \alpha_{\text{n,hob}}}, R_{\text{full,hob}} \right\} \qquad (2-33)$$

考虑到有效渐开线的长度以及圆弧半径的大小，上述优化的约束条件为：

$$\begin{cases} d_{\text{TIF}} \leqslant d'_{\text{TIF}} \\ R_{\text{hob}}(1 - \sin \alpha_{\text{n,hob}}) \leqslant h_{\text{b,hob}} \end{cases} \qquad (2-34)$$

式中，d_{TIF} 和 d'_{TIF} 分别为优化过程变动和目标齿轮实际渐开线起始径。

优化参数 $h_{\text{b,hob}}$、H_{hob}、R_{hob} 的变动范围为：

$$\begin{cases} h_{\text{bmin,hob}} \leqslant h_{\text{b,hob}} \leqslant h_{\text{bmax,hob}} \\ H_{\text{min,hob}} \leqslant H_{\text{hob}} \leqslant H_{\text{max,hob}} \\ R_{\text{min,hob}} \leqslant R_{\text{hob}} \leqslant R_{\text{max,hob}} \end{cases}$$

考虑大重合度齿轮的有效渐开线长度，给定参数为：

$$d'_{\text{TIF}} = \phi 76.42, \quad g' = 0.005$$

根据刀具几何结构和实际加工情况，可以设置 $h_{\text{b,hob}}$、H_{hob}、R_{hob} 的变动范围为：

$$\begin{cases} 0.1 \leqslant h_{b,hob} \leqslant 1 \\ 0.01 \leqslant H_{hob} \leqslant 0.05 \\ 0.1 \leqslant R_{hob} \leqslant R_{full,hob} \end{cases}$$

运行上述优化算法，可以得到：

$$h_{b,hob} = 0.353, \quad H_{hob} = 0.037, \quad R_{hob} = 0.531$$

根据式（2-5）可知，$h_{c,hob} = 0.763$。

同理，依据上述优化方法可以得到大齿轮剃前滚刀相关参数，在此不再赘述。小齿轮和大齿轮的剃前滚刀参数见表 2-2。

表 2-2　剃前滚刀参数

参数	数值大小	
	小齿轮	大齿轮
$m_{n,hob}$/mm	3.25	
$\alpha_{n,hob}$/(°)	20	
$\alpha_{f,hob}$/(°)	15	
$s_{n,hob}$/mm	5.551	5.618
$\alpha_{x,hob}$/(°)	54.051	54.405
$h_{a,hob}$/mm	5.66	5.823
$h_{d,hob}$/mm	9.059	9.111
h_{hob}/mm	9.73	9.73
H_{hob}/mm	0.037	0.041
$h_{b,hob}$/mm	0.353	0.511
$h_{c,hob}$/mm	0.763	0.965
R_{hob}/mm	0.531	0.776

利用上述滚刀参数可以计算出大重合度齿轮的最终齿廓参数，见表 2-3。

利用滚刀参数模拟出的大重合度齿轮的齿廓如图 2-12 所示，通过将二维齿廓图形导入三维建模软件中，即可得到具有实际齿廓的三维模型（图 2-13），基于该模型可以开展大重合度齿轮的有限元分析（详见第 3 章）。

表 2-3　大重合度齿轮齿廓参数

参数	数值大小	
	小齿轮	大齿轮
$m_{n,hob}$/mm	3.25	
$\alpha_{n,hob}$/(°)	20	

表 2-3(续)

参数	数值大小	
	小齿轮	大齿轮
d_{TIF}^{*}/mm	76.417	98.189
g^{*}/mm	0.002	0.006
d_{EAP}^{*}/mm	88.603	111.032
s_{EAP}^{*}/mm	0.201	0.202

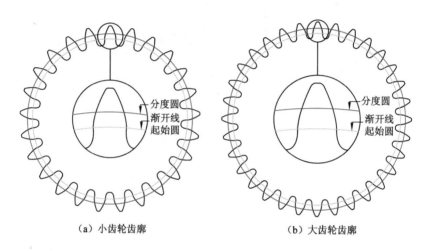

（a）小齿轮齿廓　　　　　　　（b）大齿轮齿廓

图 2-12　大重合度齿轮齿廓

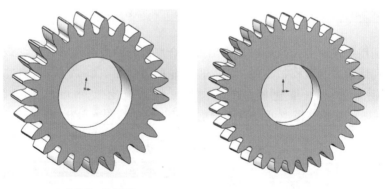

（a）小齿轮三维模型　　　　　（b）大齿轮三维模型

图 2-13　大重合度齿轮三维模型

2.4　考虑实际加工的齿轮重合度的计算

图 2-14 所示为两理想大重合度齿轮的啮合过程。在啮合过程中,一对轮齿要经历"三齿啮合、两齿啮合、三齿啮合、两齿啮合、三齿啮合"5 个啮合阶段。当前一对齿在点 B_1 点分离时,后一对齿在 B_2 点开始进入啮合。

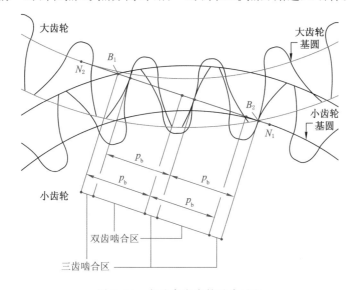

图 2-14　大重合度齿轮啮合过程

那么该对齿轮传动时的重合度计算公式为:

$$\varepsilon_\alpha = \frac{\overline{B_1 B_2}}{p_b} = \frac{1}{2\pi}[z_1(\tan \alpha_{a1} - \tan \alpha') + z_2(\tan \alpha_{a2} - \tan \alpha')] \quad (2\text{-}35)$$

式中,z_1、z_2 分别为小齿轮和大齿轮的齿数;α_{a1}、α_{a2} 分别为小齿轮和大齿轮的齿顶压力角;α' 为啮合角。

由图 2-14 可知,式(2-35)是根据理想齿轮啮合过程提出的,没有考虑实际加工工艺的影响。实际上,依据文献[116]和前面的分析,重合度的计算与渐开线起始点和渐开线终止点有关。

图 2-15 所示为基于两齿轮实际齿廓的啮合过程示意图。小齿轮实际齿廓上的两个点 Q_1、T_1 分别是其实际渐开线起始点和实际渐开线终止点;同理,Q_2、T_2 分别是大齿轮的实际渐开线起始点和实际渐开线终止点。图 2-15

(a)表示其中一个齿轮的终止点在另一个齿轮的起始点之上；图 2-15(b)表示其中一个齿轮的终止点在另一个齿轮的起始点之下。

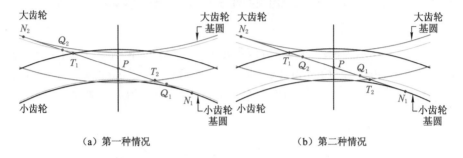

（a）第一种情况　　　　　　　　　　（b）第二种情况

图 2-15　大重合度齿轮实际齿廓的啮合过程

那么，考虑实际加工齿廓的重合度计算公式可以表示为：

$$\varepsilon'_a = \frac{\min\{\overline{PQ_1}, \overline{PT_2}\} + \min\{\overline{PQ_2}, \overline{PT_1}\}}{p_b} \tag{2-36}$$

在本书中，为了保证渐开线啮合长度，使 Q_1 点低于 T_2 点及 Q_2 点高于 T_1 点，即如图 2-15(a)所示的情况，那么此时实际重合度计算公式为：

$$\varepsilon'_a = \frac{\overline{PT_1} + \overline{PT_2}}{p_b} \tag{2-37}$$

因此，只需将前文计算的两齿轮剃后渐开线终止径代入式(2-37)中即可得到实际重合度的大小。基于前面的齿轮参数和刀具参数，根据式(2-37)计算出的实际重合度 $\varepsilon'_a = 2.15$。而根据式(2-35)计算得到的理论重合度 $\varepsilon_a = 2.23$。可见，理论重合度与实际重合度存在较明显的差异，而这将会对大重合度齿轮的传动平稳性和承载能力产生较大影响。

综上所述，由于齿轮的齿廓对齿轮传动性能有重要影响，因此，为了更为准确地对齿轮的动力学特性进行分析，本书在后续的研究中均基于本章得到的实际齿廓来展开。

2.5　本章小结

本章通过分析大重合度齿轮剃前滚刀的结构建立了其数学模型，并基于齿轮啮合原理对大重合度齿轮的齿廓方程进行了推导。探讨了不同刀具参数对大重合度齿轮齿廓的影响,并采用优化算法对构建的优化目标进行求解,获得了大重合度齿轮剃前滚刀的齿廓参数,分析了基于实际齿廓的重合度计算方法,为后续研究基于实际加工齿廓的大重合度齿轮刚度计算和动力学分析奠定了基础。

第3章 基于实际齿廓模型的大重合度齿轮时变啮合刚度研究

刚度激励是齿轮啮合的主要激励之一,因此确定轮齿的啮合刚度是开展齿轮动力学研究的前提条件。根据第 2 章的分析,齿轮的实际齿廓与理想齿廓存在较大差异,而在以往的文献中涉及的齿轮啮合刚度计算大多忽略了实际加工情况对齿廓的影响,这就会导致其计算结果与实际啮合刚度存在较大偏差。因此,为了后续能够有效地开展大重合度齿轮的动力学研究,本章将基于前面推导的大重合度齿轮的实际齿廓模型来研究其时变啮合刚度的计算方法。

3.1 齿轮啮合刚度的计算方法

3.1.1 大重合度齿轮的啮合刚度

齿轮啮合刚度指的是整个啮合区中参与啮合的各对轮齿的综合效应,主要与单齿的弹性变形、单对轮齿的综合弹性以及齿轮重合度有关[117]。

单齿的弹性变形是单个轮齿的啮合齿面在载荷作用下的弹性变形,如图 3-1(a)、(b)所示的 δ_p 和 δ_g 分别表示普通重合度齿轮副和大重合度齿轮副在啮合区域中的弹性变形曲线。

单对轮齿的综合弹性变形 δ_s(其曲线如图 3-1 所示)为两啮合轮齿弹性变形的总和,其表示式为:

$$\delta_s = \delta_p + \delta_g \tag{3-1}$$

那么,单对齿的啮合刚度 k_s 可以表示为:

$$k_s = \frac{1}{\delta_s} = \frac{k_p k_g}{k_p + k_g} \tag{3-2}$$

式中,k_p、k_g 分别为主、从动轮的单齿刚度,即:

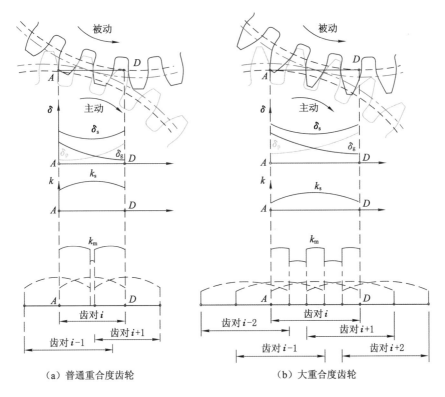

图 3-1　普通重合度和大重合度齿轮啮合刚度计算原理图

$$\begin{cases} k_{\mathrm{p}} = \dfrac{1}{\delta_{\mathrm{p}}} \\[2mm] k_{\mathrm{g}} = \dfrac{1}{\delta_{\mathrm{g}}} \end{cases} \tag{3-3}$$

对于齿轮啮合综合刚度,则要根据实际参与啮合的轮齿对数进行叠加计算。如图 3-1 所示,相对于普通重合度齿轮,大重合度齿轮的重合度大于 2,一个完整的啮合过程包含 5 个部分:三齿啮合区、双齿啮合区、三齿啮合区、双齿啮合区、三齿啮合区,因此,其综合刚度计算涉及两对及三对轮齿的啮合变形。

从上述分析可知,不管是普通重合度齿轮还是大重合度齿轮,为了获得啮合过程中的时变啮合刚度曲线,首先要开展不同啮合位置的单齿啮合刚度的计算。

3.1.2 单齿啮合刚度的计算方法

目前,齿轮刚度的计算方法主要包括:材料力学法、弹性力学法、以有限元为代表的数值方法以及势能法。

（1）材料力学法

材料力学法是最早用于齿轮刚度计算的方法。其基本力学理论可以追溯到 1893 年 Lewis(刘易斯)提出的悬臂梁理论,经过不断的改进和发展,悬臂梁理论逐渐被应用到不同领域。1929 年,Band 等[78]通过对悬臂梁理论进行改进,提出把齿轮轮齿视为变截面悬臂梁来计算其弹性变形的方法。随着该方法的不断发展,衍生出不同的计算模型,最为著名的则是韦伯公式和石川公式。

韦伯公式采用的是真实的轮齿齿廓,其基本思想是认为轮齿在法向啮合力 F_N 的作用下产生的变形能与作用力所做的功相等。图 3-2 所示为韦伯公式的计算模型。根据韦伯公式,单个轮齿在啮合线方向的变形量可以表示为:

$$\delta^* = \delta_Z + \delta_R \qquad (3-4)$$

式中,δ_Z 是由弯曲、剪力产生的变形量;δ_R 是基础部分的变形量。

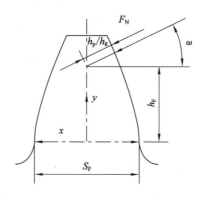

图 3-2　韦伯公式计算模型

一对轮齿在啮合线方向的总的变形量为:

$$\delta_\Sigma^* = \delta_p^* + \delta_g^* + \delta_{pw} \qquad (3-5)$$

式中,δ_p^*、δ_g^* 分别为主、从动轮的在啮合线方向的变形量;δ_{pw} 为主、从动轮接触变形量。

石川公式在计算刚度时将轮齿齿廓看成由一个矩形和梯形组合而成的简

化模型,如图 3-3 所示。单个轮齿在法向啮合力 F_N 作用下沿啮合线方向的
变形量为:

$$\delta = \delta_{Br} + \delta_{Bt} + \delta_s + \delta_g \qquad (3-6)$$

式中,δ_{Br} 是长方形部分的弯曲变形量;δ_{Bt} 是梯形部分的弯曲变形量;δ_s 是剪力
产生的变形量;δ_g 是基础部分倾斜产生的变形量。

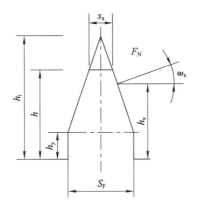

图 3-3　石川公式计算模型

（2）弹性力学法

齿轮轮齿变形的弹性力学法最早是由会田俊夫、寺内喜男等提出的,其
基本思想是通过对受载模型进行简化,利用保角映射函数把齿轮的曲线边
界映射为直边边界。通过应用弹性力学中平面问题的复变函数求解集中力
作用下的半无限体的位移场,即能确定受载轮齿的位移场。应用该方法时,
选取合适的映射函数和各项的系数非常关键。由于会田-寺内公式极其复
杂,而且在确定映射函数各项系数时往往采用试算的方法,计算过程较为烦
琐,尤其是当轮齿齿形比较复杂时,建模和计算都会变得非常困难,因此工
程应用不便。

（3）有限元法

有限元法是随着计算的快速发展而出现的一种齿轮刚度求解方法。采用
有限元法计算齿轮刚度的基本步骤如图 3-4 所示。典型的齿轮刚度求解模型
如图 3-5 所示。有限元法求解精度较高,但是该方法操作过程较为烦琐、计算
周期较长,而且非常依赖有限元模型的网格疏密及各种参数的设置。

（4）势能法

势能法是 Yang[83] 于 1985 年提出的,其基本思想是将轮齿在作用力下发

图 3-4　有限元法求解啮合刚度步骤　　　图 3-5　齿轮有限元模型

生的弹性变形看成是存储于啮合齿轮间的变形势能,从而进行啮合刚度计算。这些势能包括弯曲势能、赫兹接触势能和轴向压缩势能。此后,很多学者对势能法进行了研究,并对其进行了改进和完善,在上述三种势能的基础上又增加了剪切势能和齿基势能。势能法能够充分考虑齿轮齿廓的特点,且计算速度快,目前被广泛应用于齿轮刚度的计算中。

根据第 2 章的分析,相对于理想齿廓,实际齿廓需要考虑根切量、修缘、齿厚等,为了能够准确地反映这些因素对齿轮刚度的影响,本章将主要采用势能法来研究基于实际齿廓的大重合度齿轮刚度计算方法,并利用有限元方法进行辅助验证。

3.1.3　利用势能法计算齿轮啮合刚度

图 3-6 所示为利用势能法计算啮合刚度的计算示意图。为了保证与第 2 章所建立的齿轮坐标系一致,以齿轮内孔中心 o 为圆心,竖直方向为 x 轴,水平方向为 y 轴,建立坐标系 o-xy。轮齿的齿廓由渐开线 AC 段、过渡曲线 CD 段及齿顶、齿根圆弧组成。渐开线 AC 段上 B 点为此时的啮合点,β 为啮合力与 x 轴的夹角,θ_f 为 oD 与 y 轴的夹角,r_{int}、r_f 分别为齿轮的内孔和齿根圆的半径。

啮合齿轮中的势能有赫兹接触势能 U_h、齿基势能 U_f、弯曲势能 U_b、剪切势能 U_s 和轴向压缩势能 U_a,这五种势能可以分别求解赫兹接触刚度 k_h、齿基刚

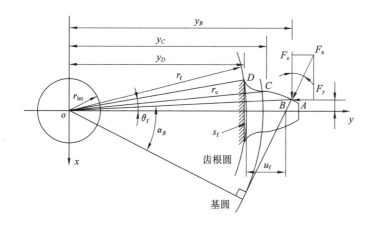

图 3-6　势能法计算原理

度 k_f、弯曲刚度 k_b、剪切刚度 k_s 和轴向压缩刚度 k_a。由弹性力学可知：

$$U_h = \frac{F_n^2}{2k_h}, \quad U_b = \frac{F_n^2}{2k_b}, \quad U_s = \frac{F_n^2}{2k_s}, \quad U_a = \frac{F_n^2}{2k_a}, \quad U_f = \frac{F_n^2}{2k_f} \quad (3\text{-}7)$$

式中，F_n 为啮合点处的作用力。

那么，一对啮合轮齿的总势能为：

$$U = \frac{F_n^2}{2k} = \sum_1^2 (U_{bi} + U_{si} + U_{ai} + U_{fi} + U_h) \quad (3\text{-}8)$$

式中，1、2 分别代表主动轮与从动轮。

因而，一对轮齿啮合的综合刚度为：

$$k = 1 \Big/ \sum_1^2 \left(\frac{1}{k_{bi}} + \frac{1}{k_{si}} + \frac{1}{k_{ai}} + \frac{1}{k_{fi}} + \frac{1}{k_h} \right) \quad (3\text{-}9)$$

赫兹接触刚度 k_h 的表达式为：

$$\frac{1}{k_h} = \frac{4(1-\nu^2)}{\pi EB} \quad (3\text{-}10)$$

式中，E 为弹性模量；B 为齿宽；ν 为泊松比。

齿基刚度 k_f 通过下式计算得出：

$$\frac{1}{k_f} = \frac{\cos\beta^2}{EL} \left[L^* \left(\frac{u_f}{s_f} \right)^2 + M^* \frac{u_f}{s_f} + P^* (1 + Q^* \tan^2\beta) \right] \quad (3\text{-}11)$$

式中，u_f、s_f 的含义如图 3-6 所示。

L^*、M^*、P^*、Q^* 可通过式(3-12)描述的拟合函数计算得到：

$$X_i^*(h_{fi}, \theta_f) = \frac{A_i}{\theta_f^2} + B_i h_{fi}^2 + \frac{C_i h_{fi}}{\theta_f} + \frac{D_i}{\theta_f} + E_i h_{fi} + F_i \qquad (3-12)$$

式中, $h_{fi} = \dfrac{r_f}{r_{int}}$; A_i、B_i、C_i、D_i、E_i、F_i 为式(3-12)的各项系数[85]。

通过拟合发现, L^*、M^*、P^*、Q^* 对应的各项系数取值见表 3-1。

表 3-1　各项系数的取值

	$A_i(\times 10^{-5})$	$B_i(\times 10^{-5})$	$C_i(\times 10^{-4})$	$D_i(\times 10^{-3})$	E_i	F_i
L^*	-5.574	$-1.998\ 6$	$-2.301\ 5$	$4.770\ 2$	$0.027\ 1$	$6.804\ 5$
M^*	60.111	28.1	-83.431	$-9.925\ 6$	$0.162\ 4$	$0.908\ 6$
P^*	-50.952	185.5	$0.053\ 8$	53.3	$0.289\ 5$	$0.923\ 6$
Q^*	$-6.204\ 2$	$9.088\ 9$	$-4.096\ 4$	$7.829\ 7$	$-0.147\ 2$	$0.690\ 4$

根据悬臂梁理论, 齿轮啮合中所储存的弯曲势能、剪切变形能、轴向综合变形能可分别表示为:

$$U_b = \frac{F_n^2}{2k_b} = \int_{y_D}^{y_B} \frac{M^2}{2EI_y} dy \qquad (3-13)$$

$$U_s = \frac{F_n^2}{2k_s} = \int_{y_D}^{y_B} \frac{1.2F_x^2}{2GA_y} dy \qquad (3-14)$$

$$U_a = \frac{F_n^2}{2k_a} = \int_{y_D}^{y_B} \frac{F_y^2}{2EA_y} dy \qquad (3-15)$$

其中:

$$F_x = F_n \cos \beta \qquad (3-16)$$

$$F_y = F_n \sin \beta \qquad (3-17)$$

$$G = \frac{E}{2(1+\nu)} \qquad (3-18)$$

$$M = F_x(y_B - y) - F_y |x_B| \qquad (3-19)$$

$$A_y = 2|x|L \qquad (3-20)$$

$$I_y = \frac{2}{3}|x|^3 L \qquad (3-21)$$

$$\frac{1}{k_b} = \frac{3}{2EL} \int_{x_D}^{y_B} \frac{[\cos\beta(y_B - y_1) - |x_B|\sin\beta]^2}{|x|^3} dy \qquad (3-22)$$

$$\frac{1}{k_s} = \frac{1.2}{2GL} \int_{x_D}^{y_B} \frac{\cos^2 \beta}{|x|} dy \qquad (3-23)$$

$$\frac{1}{k_{\mathrm{a}}} = \frac{1}{2EL}\int_{x_D}^{y_B}\frac{\sin^2\beta}{|x|}\mathrm{d}y \qquad (3\text{-}24)$$

3.2　基于实际齿廓的大重合度齿轮单齿刚度计算

3.2.1　计算公式推导

大重合度齿轮势能法计算原理如图 3-7 所示。基于第 2 章的分析,大重合度齿轮的实际齿廓由以下几部分构成:修缘刃 BH 形成的 TS 段、剃后渐开线 QT 段、滚刀尖点 G 形成 PQ 段、凸角平行部分 FG 形成的 NP 段、齿顶圆弧 EF 形成的 MN 段及齿顶、齿根圆弧组成。由于倒角 TS 段并不参与啮合,因此在刚度计算中只需要考虑 QT 段、PQ 段、NP 段和 MN 段的影响。

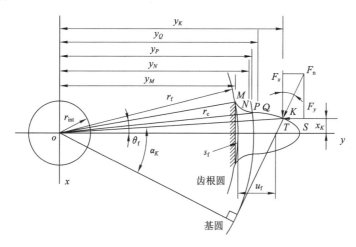

图 3-7　基于实际齿廓的大重合度齿轮势能法计算原理

根据前面所述势能法的计算原理,轮齿部分弯曲、剪切和轴向压缩变形能可以表示如下:

$$U_{\mathrm{b}} = \frac{F^2}{2k_{\mathrm{b}}} = \int_{y_M}^{y_N}\frac{M_1^2}{2EI_{y_1}}\mathrm{d}y_1 + \int_{y_N}^{y_P}\frac{M_2^2}{2EI_{y_2}}\mathrm{d}y_2 + \int_{y_P}^{y_Q}\frac{M_3^2}{2EI_{y_3}}\mathrm{d}y_3 + \int_{y_Q}^{y_K}\frac{M_4^2}{2EI_{y_4}}\mathrm{d}y_4$$

$$(3\text{-}25)$$

$$U_s = \frac{F^2}{2k_s} = \int_{y_M}^{y_N} \frac{1.2\,F_b^2}{2GA_{y_1}}\mathrm{d}y_1 + \int_{y_N}^{y_P} \frac{1.2\,F_b^2}{2GA_{y_2}}\mathrm{d}y_2 + \int_{y_P}^{y_Q} \frac{1.2\,F_b^2}{2GA_{y_3}}\mathrm{d}y_3 + \int_{y_Q}^{y_K} \frac{1.2F_b^2}{2GA_{y_4}}\mathrm{d}y_4$$

$$(3\text{-}26)$$

$$U_a = \frac{F^2}{2k_a} = \int_{y_M}^{y_N} \frac{F_a^2}{2EA_{y_1}}\mathrm{d}y_1 + \int_{y_N}^{y_P} \frac{F_a^2}{2EA_{y_2}}\mathrm{d}y_2 + \int_{y_P}^{y_Q} \frac{F_a^2}{2EA_{y_3}}\mathrm{d}y_3 + \int_{y_Q}^{y_K} \frac{F_a^2}{2EA_{y_4}}\mathrm{d}y_4$$

$$(3\text{-}27)$$

式中，$F_x = F\cos\beta$；$F_y = F\sin\beta$；$G = \dfrac{E}{2(1+\nu)}$，为剪切模量；y_M、y_N、y_P、y_Q 分别为 MN 段、NP 段、PQ 段、QK 段的起始点的水平坐标；y_1、y_2、y_3、y_4 分别为齿廓曲线 MN 段、NP 段、PQ 段、QK 段上任意一点的水平坐标；I_{y_1}、I_{y_2}、I_{y_3}、I_{y_4} 分别为 MN 段、NP 段、PQ 段、QK 段任意一点的惯性矩，其表达式为：

$$I_{y_1} = \frac{2}{3}\,|x_1|\,3L, \quad I_{y_2} = \frac{2}{3}\,|x_2|\,3L, \quad I_{y_3} = \frac{2}{3}\,|x_3|\,3L, \quad I_{y_4} = \frac{2}{3}\,|x_4|\,3L$$

A_{y_1}、A_{y_2}、A_{y_3}、A_{y_4} 分别 MN 段、NP 段、PQ 段、QK 段上任意一点的截面矩，其表达式为：

$$A_{y_1} = 2\,|x_1|\,L, \quad A_{y_2} = 2\,|x_2|\,L, \quad A_{y_3} = 2\,|x_3|\,L, \quad A_{y_4} = 2\,|x_4|\,L$$

M_1、M_2、M_3、M_4 分别为啮合力对 MN 段、NP 段、PQ 段、QK 段上任意一点产生的力矩，其表达式为：

$$M_1 = F_y(y_K - y_1) - F_x\,|x|_K$$
$$M_2 = F_y(y_K - y_2) - F_x\,|x|_K$$
$$M_3 = F_y(y_K - y_3) - F_x\,|x|_K$$
$$M_4 = F_y(y_K - y_4) - F_x\,|x|_K$$

那么，大重合度齿轮轮齿的弯曲刚度 k_b 的表达式为：

$$\frac{1}{k_b} = \frac{3}{2EL}\left\{\int_{y_M}^{y_N} \frac{[\cos\beta(y_K - y_1) - |x|_K\sin\beta]^2}{|x_1|^3}\mathrm{d}y_1 + \right.$$

$$\int_{y_N}^{y_P} \frac{[\cos\beta(y_K - y_2) - |x|_K\sin\beta]^2}{|x_2|^3}\mathrm{d}y_2 + $$

$$\int_{y_P}^{y_Q} \frac{[\cos\beta(y_K - y_3) - |x|_K\sin\beta]^2}{|x_3|^3}\mathrm{d}y_3 + $$

$$\left.\int_{y_Q}^{y_K} \frac{[\cos\beta(y_K - y_4) - |x|_K\sin\beta]^2}{|x_4|^3}\mathrm{d}y_4\right\} \qquad (3\text{-}28)$$

齿轮轮齿的剪切刚度 k_s 的表达式为：

$$\frac{1}{k_s} = \frac{1.2}{2GL} \left(\int_{y_M}^{y_N} \frac{\cos^2 \beta}{|x_1|} dy_1 + \int_{y_N}^{y_P} \frac{\cos^2 \beta}{|x_2|} dy_2 + \right.$$

$$\left. \int_{y_P}^{y_Q} \frac{\cos^2 \beta}{|x_3|} dy_3 + \int_{y_Q}^{y_K} \frac{\cos^2 \beta}{|x_4|} dy_4 \right) \tag{3-29}$$

齿轮轮齿的轴向压缩刚度 k_a 的表达式为:

$$\frac{1}{k_a} = \frac{1}{2EL} \left(\int_{y_M}^{y_N} \frac{\sin^2 \beta}{|x_1|} dy_1 + \int_{y_N}^{y_P} \frac{\sin^2 \beta}{|x_2|} dy_2 + \int_{y_P}^{y_Q} \frac{\sin^2 \beta}{|x_3|} dy_3 + \int_{y_Q}^{y_K} \frac{\sin^2 \beta}{|x_4|} dy_4 \right)$$

$$\tag{3-30}$$

根据第 2 章的分析,MN 段由滚刀齿顶圆弧 EF 形成,齿轮坐标中齿廓 M、N 点分别对应了滚刀坐标系中齿顶圆弧 E、F 的坐标,因此,根据齿轮坐标系和刀具坐标系的转换关系,即可得到 MN 段参数方程为:

$$\begin{cases} x_1 = \begin{bmatrix} R_{hob} [\cos \lambda_1 - \tan(\pi/4 - \alpha_{n,hob}/2)] + (h_{c,hob} - h_{b,hob})(\tan \alpha_{n,hob} - \\ \tan \alpha_{f,hob}) - h_{a,hob} \tan \alpha_{n,hob} - (s_{n,hob}/2) + \\ [R_{hob}(1 - \sin \lambda_1) - h_{a,hob}] \sin \varphi + r(\sin \varphi - \varphi \cos \varphi) \end{bmatrix} \cos \varphi \\[4mm] y_1 = \begin{bmatrix} -R_{hob} [\cos \lambda_1 - \tan(\pi/4 - \alpha_{n,hob}/2)] + (h_{c,hob} - h_{b,hob})(\tan \alpha_{n,hob} - \\ \tan \alpha_{f,hob}) - h_{a,hob} \tan \alpha_{n,hob} - (s_{n,hob}/2) + \\ [R_{hob}(1 - \sin \lambda_1) - h_{a,hob}] \cos \varphi + r(\cos \varphi - \varphi \sin \varphi) \end{bmatrix} \sin \varphi \end{cases}$$

$$\tag{3-31}$$

式中,$\alpha_{n,hob} \leqslant \lambda_1 \leqslant \dfrac{\pi}{2}$。

NP 段由滚刀凸角平行部分 FG 形成,齿轮坐标中齿廓 N、P 点分别对应了滚刀坐标系中凸角平行部分 F、G 的坐标,同样,根据齿轮坐标系和刀具坐标系之间的转换关系,可得到 FG 段参数方程为:

$$\begin{cases} x_2 = \lambda_2 \cos \varphi + [y_F + (\lambda_2 - x_F) \cot \alpha_{n,hob}] \sin \varphi + r(\sin \varphi - \varphi \cos \varphi) \\ y_2 = -\lambda_2 \sin \varphi + [y_F + (\lambda_2 - x_F) \cot \alpha_{n,hob}] \cos \varphi + r(\cos \varphi - \varphi \sin \varphi) \end{cases}$$

$$\tag{3-32}$$

式中,$x_F \leqslant \lambda_2 \leqslant x_G$。

G、F 的坐标为:

$$\begin{cases} x_F = R_{hob} \left[\cos \alpha_{n,hob} - \tan\left(\frac{\pi}{4} - \frac{\alpha_{n,hob}}{2} \right) \right] + \\ \qquad (h_{c,hob} - h_{b,hob})(\tan \alpha_{n,hob} - \tan \alpha_{f,hob}) - \\ \qquad h_{a,hob} \tan \alpha_{n,hob} - (s_{n,hob}/2) \\ y_F = R_{hob}(1 - \sin \alpha_{n,hob}) - h_{a,hob} \end{cases}$$

$$\tag{3-33}$$

$$\begin{cases} x_G = (h_{\mathrm{c,hob}} - h_{\mathrm{a,hob}})\tan \alpha_{\mathrm{n,hob}} + (h_{\mathrm{b,hob}} - h_{\mathrm{c,hob}})\tan \alpha_{\mathrm{f,hob}} - (s_{\mathrm{n,hob}}/2) \\ y_G = h_{\mathrm{b,hob}} - h_{\mathrm{a,hob}} \end{cases}$$

$$(3\text{-}34)$$

根据第 2 章的分析,PQ 段主要是由拐点 G 形成的共轭曲线与剃后渐开线相交截取而成。因此,需要分别推导上述两段曲线的方程并进行求解。

根据滚刀坐标系中拐点 G 和坐标转换矩阵,拐点 G 形成的共轭曲线方程为:

$$\begin{cases} x_{GG} = x_G\cos \varphi + y_G\sin \varphi + r(\sin \varphi - \varphi\cos \varphi) \\ y_{GG} = -x_G\sin \varphi + y_G\cos \varphi + r(\cos \varphi - \varphi\sin \varphi) \end{cases} \quad (3\text{-}35)$$

式中,$\alpha_{\mathrm{f,hob}} \leqslant \lambda_{GG} \leqslant \alpha_{\mathrm{n,hob}}$。

剃后渐开线的曲线方程可以表示:

$$\begin{cases} x_{UV} = \lambda_{UV}\cos \varphi + \left[y_U + (\lambda_2 - x_U)\cot \alpha_{\mathrm{n,hob}} \right]\sin \varphi + r(\sin \varphi - \varphi\cos \varphi) \\ y_{UV} = -\lambda_{UV}\sin \varphi + \left[y_U + (\lambda_2 - x_U)\cot \alpha_{\mathrm{n,hob}} \right]\cos \varphi + r(\cos \varphi - \varphi\sin \varphi) \end{cases}$$

$$(3\text{-}36)$$

式中,$x_U \leqslant \lambda_{UV} \leqslant x_V$。

U、V 的坐标为:

$$\begin{cases} x_U = (-r + r_{\mathrm{b}})\tan \alpha_{\mathrm{n,hob}} - (s_{\mathrm{n,hob}}/2) + e_{\mathrm{s}} \\ y_U = -r + r_{\mathrm{b}} \end{cases} \quad (3\text{-}37)$$

$$\begin{cases} x_V = (h_{\mathrm{hob}} - h_{\mathrm{a,hob}})\tan \alpha_{\mathrm{n,hob}} - (s_{\mathrm{n,hob}}/2) + e_{\mathrm{s}} \\ y_V = h_{\mathrm{hob}} - h_{\mathrm{a,hob}} \end{cases} \quad (3\text{-}38)$$

通过联立上述两曲线方程即可求解 Q 点坐标,并求得对应刀具坐标系上的角度 α_Q 和横坐标 $x_{Q'}$。那么,PQ 段的参数方程为:

$$\begin{cases} x_3 = x_G\cos \varphi + y_G\sin \varphi + r(\sin \varphi - \varphi\cos \varphi) \\ y_3 = -x_G\sin \varphi + y_G\cos \varphi + r(\cos \varphi - \varphi\sin \varphi) \end{cases} \quad (3\text{-}39)$$

式中,$\alpha_{\mathrm{f,hob}} \leqslant \lambda_{GG} \leqslant \alpha_Q$。

对于 QK 段而言,K 点为该时刻所受载荷的作用点,为此时啮合线与齿轮齿廓在齿轮坐标系中的交点,其在刀具坐标系中对应的点为 K'。K 点坐标可以通过联立齿轮坐标系中啮合线与齿廓方程进行求解,通过转化到刀具坐标系,即可得到 K' 点的坐标值。那么,QK 段的参数方程为:

$$\begin{cases} x_4 = \lambda_4\cos \varphi + \left[y_U + (\lambda_4 - x_U)\cot \alpha_{\mathrm{n,hob}} \right]\sin \varphi + r(\sin \varphi - \varphi\cos \varphi) \\ y_4 = -\lambda_4\sin \varphi + \left[y_U + (\lambda_4 - x_U)\cot \alpha_{\mathrm{n,hob}} \right]\cos \varphi + r(\cos \varphi - \varphi\sin \varphi) \end{cases}$$

$$(3\text{-}40)$$

式中,$x_{Q'} \leqslant \lambda_4 \leqslant x_{K'}$。

根据上文的分析可知,MN 段和 NP 段分别是滚刀齿顶圆弧 EF 和凸角平行部分 FG 所形成的完整的共轭曲线,因此直接将参数方程代入式(3-28)～式(3-30)中即可,而对于 PQ 段和 QK 段则需要先求解 Q 点和 K 点坐标,通过计算求得对应刀具坐标系上的 α_Q、$x_{Q'}$、$x_{K'}$,然后代入式(3-28)～式(3-30)中计算各项刚度。通过对上述各段齿廓曲线进行计算,即可得到整个啮合齿廓的单齿刚度。

3.2.2　实例分析

下面以第 2 章中表 2-2 所列的一对大重合度齿轮为例进行分析。将大重合度齿轮的基本参数代入编制的程序中,可得到本例齿廓上各点坐标,见表 3-2。

表 3-2　各关键点坐标值

关键点	x/mm	y/mm
T	-0.761	55.504
Q	-2.848	48.994
P	-2.844	48.975
N	-2.898	47.919
M	-4.526	45.955

将上述数值代入式(3-28)～式(3-30)中即可完成大重合度齿轮整个啮合周期的刚度值计算。图 3-8 所示为通过计算得到的大重合度齿轮的单齿啮合刚度曲线。

为了进一步说明利用势能法计算实际齿廓啮合刚度的正确性,这里采用有限元方法进行验证。利用第 2 章模拟大、小齿轮的齿形图生成的三维模型(详见第 2 章图 2-13)建立的大重合度齿轮的啮合有限元模型如图 3-9 所示。

有限元法计算齿轮刚度时,所关注的是啮合位置的节点位移,因此在计算大齿轮刚度时,需要对大齿轮内孔所有自由度进行约束,而小齿轮内孔只保留周向旋转自由度,完全限制了大齿轮的自由度,有效避免了刚体位移所产生的影响,大齿轮啮合位置的节点位移仅由变形产生。仅考虑一对轮齿的接触,在设置非线性接触时,通过修改接触参数去除模型初始渗透和初始间隙对接触对的影响。给小齿轮施加转矩,求解后通过拾取接触位置的位移值,可得到在

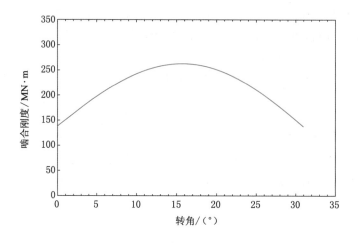

图 3-8　利用势能法计算的大重合度齿轮单对齿刚度曲线

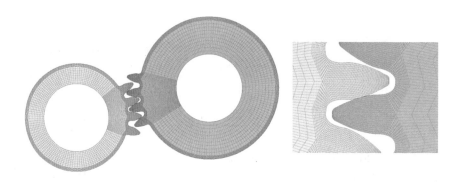

图 3-9　大重合度齿轮有限元模型

当前啮合位置下大齿轮的单齿刚度，取若干啮合位置分别计算、拟合，即可获得大齿轮从啮入到啮出过程中不同位置的单齿刚度。在计算小齿轮刚度时，通过对换约束条件就可以得到小齿轮的单齿刚度。基于两齿轮的单齿刚度，即能得到大重合度齿轮单对齿的啮合综合刚度。

　　图 3-10 所示为基于本书的模型与有限元模型计算得到的齿轮啮合刚度对比曲线。从中可以看出，基于两个模型得到的结果具有很好的一致性，单齿啮合刚度最大值相对误差为 3.35%，从而验证了本书模型的有效性。

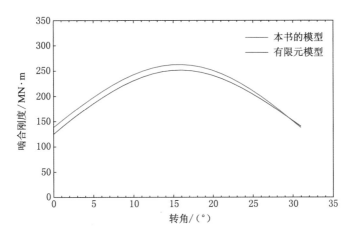

图 3-10　基于本书模型与有限元模型计算的啮合刚度对比情况

3.3　实际齿廓对大重合度齿轮啮合刚度的影响

根据前文的分析,齿轮实际加工齿廓的过渡曲线、齿顶修缘、齿厚等均与理想齿廓有所不同,从而导致实际加工齿廓和理论齿廓的轮齿刚度存在差异,接下来将分析这些因素对大重合度齿轮啮合刚度的影响。

3.3.1　过渡曲线对大重合度齿轮啮合刚度的影响

基于第 2 章的分析,齿轮的过渡曲线部分主要由凸角凸出部分径向高度 $h_{b,hob}$、凸角径向高度 $h_{c,hob}$、滚刀齿顶圆弧的半径 R_{hob} 来确定。

图 3-11 所示为当 $H_{hob}=0.04$、$R_{hob}=0.5$,$h_{b,hob}$ 分别取 0.5、1、1.5、2 时的大重合度齿轮单对齿的啮合刚度及时变啮合刚度的变化情况。从中可以看出,随着 $h_{b,hob}$ 的增加,大重合度齿轮的啮合刚度有一定程度的减小,这主要是因为当 $h_{b,hob}$ 增加时渐开线起始点也随之增加,从而导致渐开线部分变短,过渡曲线与渐开线相交部分被削弱。$h_{b,hob}$ 从 0.5 变化到 2,大重合度齿轮的单齿刚度最大值下降了 1.45%。

图 3-12 所示为当 $h_{b,hob}=0.5$、$R_{hob}=0.5$,H_{hob} 分别取 0.04、0.07、0.10、0.13 时的大重合度齿轮单对齿的啮合刚度及时变啮合刚度的变化情况。从中可以看出,随着 H_{hob} 的增加,大重合度齿轮的啮合刚度会逐渐减小。H_{hob}

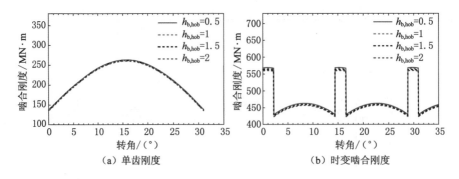

图 3-11 $h_{\rm b,hob}$ 对啮合刚度的影响

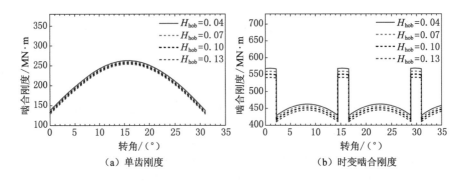

图 3-12 $H_{\rm hob}$ 对啮合刚度的影响

从 0.04 变化到 0.13,大重合度齿轮的单齿刚度最大值下降了 3.53%。对比图 3-11 可知,$H_{\rm hob}$ 比 $h_{\rm b,hob}$ 对啮合刚度的影响要更加明显,其主要原因是当 $H_{\rm hob}$ 增加时过渡曲线不断向 y 轴移动,导致渐开线起始点上移和整个齿根宽度变窄。

图 3-13 所示为当 $h_{\rm b,hob}=0.5$、$H_{\rm hob}=0.04$,$R_{\rm hob}$ 分别取 0.4、0.5、0.6、0.7 时的大重合度齿轮单对齿的啮合刚度及时变啮合刚度的变化情况。从中可以看出,与 $h_{\rm b,hob}$ 和 $H_{\rm hob}$ 对啮合刚度影响规律不同,随着 $R_{\rm hob}$ 的增加,大重合度齿轮的啮合刚度会逐渐增大。$R_{\rm hob}$ 从 0.4 变化到 0.7,即增加了 75%,大重合度齿轮的单齿刚度最大值增加了 1.71%。其增大的主要原因是当 $R_{\rm hob}$ 增加时接近齿根圆的过渡曲线部分曲率变小,使得齿根弯曲强度得以提高。所以,一般通过增加齿顶圆弧半径来提高齿轮的强度,但是其半径不能超过最大值,例如本书所研究的齿轮对应的刀具最大齿顶圆弧为 1.07,除此之外,还需要兼顾多种设计约束条件。

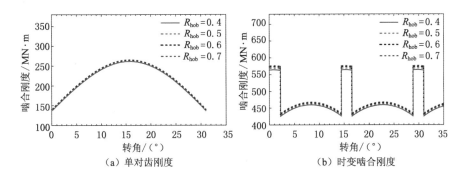

（a）单对齿刚度　　　　　　　　（b）时变啮合刚度

图 3-13　R_{hob} 对啮合刚度的影响

从上述分析可知,滚刀齿顶圆弧半径 R_{hob} 对齿轮刚度的影响最大,凸角凸出部分径向高度 $h_{b,hob}$ 的影响最小。随着 R_{hob} 的增加,齿轮刚度会随之增加;而随着 H_{hob} 和 $h_{b,hob}$ 的增加,齿轮刚度会逐渐减小。

3.3.2　齿顶修缘对大重合度齿轮啮合刚度的影响

由前文分析可知,齿轮齿顶修缘部分主要由修缘刃的齿形角 $\alpha_{x,hob}$ 和修缘高度 $h_{d,hob}$（或者修缘参数 $h_{e,hob}$）确定。齿顶修缘对齿轮单齿啮合刚度的大小影响很小,主要是通过改变渐开线终止圆的半径来影响齿轮进入和退出啮合的时间,从而改变双齿或者三齿啮合区的啮合状态。下面将分别分析 $\alpha_{x,hob}$ 和 $h_{e,hob}$ 这两个参数对大重合度齿轮啮合刚度的影响。

图 3-14 所示为当 $\alpha_{x,hob}=55°$,$h_{e,hob}$ 分别取 0.6、0.7、0.8、0.9 时的大重合度齿轮单对齿的啮合刚度及时变啮合刚度的变化情况。从中可以看出,随着 $h_{e,hob}$ 的增加,大重合度齿轮的单齿啮合刚度大小基本不变化,但渐开线啮合长度却会随之变短,从而造成重合度降低。此时,三齿啮合区变短、双齿啮合区变长,因此导致了啮合综合刚度均值会有所降低。$h_{e,hob}$ 从 0.6 变化到 0.9,大重合度齿轮的啮合综合刚度均值下降了 5.3%。

图 3-15 所示为当 $h_{e,hob}=0.7$,$\alpha_{x,hob}$ 分别取 45°、50°、55°、60°时的大重合度齿轮单对齿的啮合刚度及时变啮合刚度的变化情况。从中可以看出,$\alpha_{x,hob}$ 同样会造成重合度降低,进而使得大重合度齿轮副的综合啮合刚度均值下降,承载能力也会随之下降。$\alpha_{x,hob}$ 从 45°变化到 60°,大重合度齿轮的单啮合综合刚度均值下降了 3.1%。

从上述分析可知,尽管 $h_{e,hob}$ 和 $\alpha_{x,hob}$ 都不改变单齿的刚度大小,但是它们通过改变渐开线啮合长度,会使齿轮副重合度降低,从而造成承载能力的下

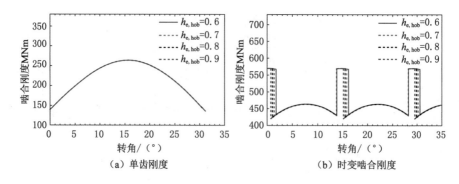

（a）单齿刚度　　　　　　（b）时变啮合刚度

图 3-14　$h_{e,hob}$ 对啮合刚度的影响

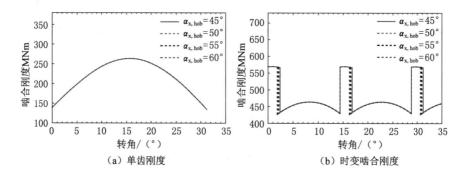

（a）单齿刚度　　　　　　（b）时变啮合刚度

图 3-15　$\alpha_{x,hob}$ 对啮合刚度的影响

降。可见,在设计滚刀时滚刀修缘部分的参数设计也是不容忽视的。

3.3.3　齿厚对大重合度齿轮啮合刚度的影响

　　为了防止齿轮在啮合过程中因加工和安装误差、啮合造成的发热膨胀等原因引起的齿轮卡住现象,使齿轮啮合中形成润滑油膜来减小摩擦,两啮合齿轮之间必须要留有一定的间隙。在实际的齿轮设计中,往往通过减小齿厚的方法来形成间隙。由于齿厚变小,因此齿轮的啮合刚度必然会发生变化。在以往的刚度计算中,均是以理想齿廓为主,并没有考虑齿厚变化对刚度计算的影响。因此,这里将基于势能法分析不同齿厚对啮合刚度的影响。

　　设齿轮齿厚变化量为 Δs_n,那么齿厚单边变化量为 $\Delta s_n/2$。考虑齿厚变化的齿廓方程相当于在原有齿廓方程的基础上以内孔中心旋转了 $\Delta s_n/2r$。例如,对于 MN 段齿廓,其新的参数方程为:

$$
\begin{bmatrix} x_1{'} \\ y_1{'} \\ 1 \end{bmatrix} = \begin{bmatrix} \cos(\dfrac{\Delta s_n}{2r}) & \sin(\dfrac{\Delta s_n}{2r}) & 0 \\ -\sin(\dfrac{\Delta s_n}{2r}) & \cos(\dfrac{\Delta s_n}{2r}) & 0 \\ 0 & 0 & 1 \end{bmatrix} \begin{bmatrix} x_1{'} \\ y_1{'} \\ 1 \end{bmatrix} \qquad (3\text{-}41)
$$

除此之外,还要考虑齿厚变化对势能法计算模型中 s_f 等参数的影响。基于新的刚度计算模型即可分析齿厚变化对啮合刚度的影响。

设两齿轮齿厚变化相同,即总的齿厚减小了 $2\Delta s_n$。图 3-16 所示为当 Δs_n 分别取 0、0.05、0.10、0.15 时的大重合度齿轮单对齿的啮合刚度及时变啮合刚度的变化情况。从中可以看出,随着 Δs_n 的增加,刚度随之逐渐减小。当 Δs_n 从 0 变化到 0.05 时,单齿刚度最大值下降了 1.49%;当 Δs_n 从 0 变化到 0.1 时,单齿刚度最大值下降了 2.90%;当 Δs_n 从 0 变化到 0.15 时,单齿刚度最大值下降了 4.13%。可见,齿厚变化对于齿轮刚度影响也比较明显。

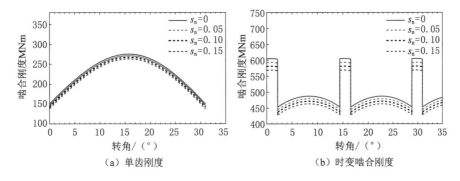

（a）单齿刚度　　　　　（b）时变啮合刚度

图 3-16　Δs_n 对啮合刚度的影响

综上可知,过渡曲线、齿顶修缘、齿厚对齿轮刚度都有不同程度的影响,因此,为了得到准确的齿轮啮合刚度,应基于轮齿的实际齿廓来开展相关计算,以便充分考虑这些因素带来的影响。

3.4　本章小结

本章对普通重合度齿轮和大重合度齿轮综合啮合刚度的计算原理进行了比较,介绍并分析了目前主要的齿轮刚度计算方法,考虑到势能法计算刚度的优势,重点对势能法的计算原理进行了分析。基于轮齿的实际齿廓,利用势能法推导了大重合度齿轮的刚度计算模型,并进行了实例计算。基于该计算模型,分析了不同因素对大重合度齿轮刚度的影响,根据分析结果可知,轮齿的过渡曲线、修缘、齿厚对大重合度齿轮的刚度均有不可忽视的影响,为了得到准确的啮合刚度计算结果,必须要考虑轮齿的实际齿廓。

第 4 章 计及精度参数的大重合度 齿轮传动误差分析

齿轮传动误差严重影响了齿轮传动的平稳性,是齿轮振动噪声的主要激励之一。分析齿轮传动误差的形成和变化规律是研究齿轮动态啮合特性的重要基础。因此,本章从传动误差基本概念入手,在分析影响传动误差的各类偏差特点的基础上,对大重合度齿轮的齿面数学模型进行构建,通过研究传动误差的求解方法编制传动误差求解程序,并利用几个实例进行验证。为了更加有效地开展大重合度齿轮的动态啮合特性研究,在前面研究的基础上引入齿轮副整体误差的概念,并分析不同偏差对齿轮副整体误差的影响规律。

4.1 齿轮传动误差的基本概念

齿轮传动误差指的是当给定主动齿轮位置时,从动齿轮的实际位置偏离其理想位置(即两齿轮均为理想齿形和无弹性变形时从动轮所处的位置)的差值[118]。在实际应用中,由于我们更为关心传动角度的准确性,因此传动误差又可以表述为:当给定主动齿轮转动角度时,从动齿轮的实际转角偏离理论转角的差值[119]。图 4-1 所示为传动误差计算示意图。

图 4-1 中,设主、从动轮的初始位置为第一对齿进入啮合时所处的位置 a_1 和 a_2,两者的啮合点为 M_a。当转动一定角度 $\varphi^{(1)}$ 后,主动轮的理想齿形转到位置 b_1,对应的从动轮理想齿形通过转动角度 $\varphi^{(2)}_{ideal}$ 到达位置 b_2,与主动轮理想齿形在点 M_b 啮合;而主动轮的实际齿形转到位置 c_1,对应的从动轮实际齿形通过转动角度 $\varphi^{(2)}_{actual}$ 到达位置 c_2,与主动轮实际齿形在点 M_c 啮合。从动轮实际齿形转动的角度 $\varphi^{(2)}_{actual}$ 与其理论齿形转动的角度 $\varphi^{(2)}_{ideal}$ 之间的差值即为传动误差 e,用公式表示为:

$$e = \varphi^{(2)}_{actual} - \varphi^{(2)}_{ideal} \tag{4-1}$$

在动力学模型中,经常将传动误差以啮合线上的位移差值进行表示,

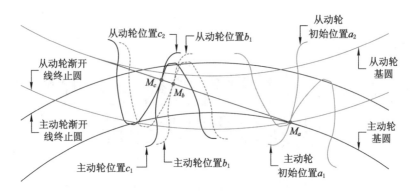

图 4-1 传动误差计算示意图

即为：

$$e' = r_b^{(2)}(\varphi_{actual}^{(2)} - \varphi_{ideal}^{(2)}) \tag{4-2}$$

式中，$r_b^{(2)}$ 为从动轮的基圆半径。

齿轮传动误差可以分为无负载静态传动误差、受载静态传动误差和动态传动误差[120]。本章所研究的传动误差为无负载静态传动误差，与文献[117]中的制造传递误差相同，主要是由加工和安装误差引起，是齿轮系统的主要激励之一。

在大部分渐开线动力学研究文献中，普遍采用简谐函数表示传动误差函数，在选取幅值时也往往根据经验或齿轮精度等级对应的公差值确定。实际上，影响传动误差的精度参数较多，而且当齿轮偏差类型和大小不同时，传动误差的形状和幅值会随之改变，引起的系统响应也会存在差异，可见，笼统地采用简谐函数描述静态传动误差很难分析不同偏差对系统响应的影响。因此，本章通过分析齿廓偏差、齿距偏差、几何偏差三类主要偏差的形成原理，构建包括上述偏差的齿面数学模型，并以此为基础探讨不同精度参数对齿轮传动误差的影响。

4.2　计及精度参数的大重合度齿轮齿面数学模型构建

本书将在前面章节所建立齿面模型的基础上，对包含齿廓偏差、齿距偏差、几何偏差三类主要偏差的齿面数学模型进行构建。其过程如图 4-2 所示。

由图 4-2 可以看出，整个模型构建过程包括两个部分：① 齿面变动建模，

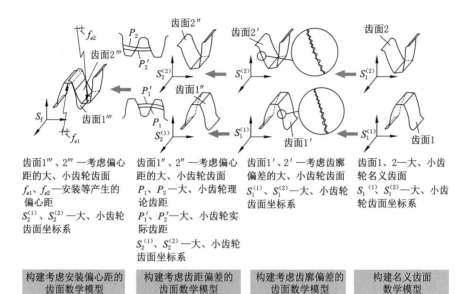

齿面1‴、2‴—考虑偏心距的大、小齿轮齿面
f_{e1}、f_{e2}—安装等产生的偏心距
$S_2^{(1)}$、$S_2^{(2)}$—大、小齿轮齿面坐标系

齿面1″、2″—考虑偏心距的大、小齿轮齿面
P_1、P_2—大、小齿轮理论齿距
P_1'、P_2'—大、小齿轮实际齿距
$S_2^{(1)}$、$S_2^{(2)}$—大、小齿轮齿面坐标系

齿面1′、2′—考虑齿廓偏差的大、小齿轮齿面
$S_1^{(1)}$、$S_1^{(2)}$—大、小齿轮齿面坐标系

齿面1、2—大、小齿轮名义齿面
$S_1^{(1)}$、$S_1^{(2)}$—大、小齿轮齿面坐标系

构建考虑安装偏心距的齿面数学模型	构建考虑齿距偏差的齿面数学模型	构建考虑齿廓偏差的齿面数学模型	构建名义齿面数学模型

图 4-2 齿面数学模型构建过程

即将名义齿面 1(2) 与齿面法向方向上的变动量（即齿廓偏差）进行叠加形成齿面 1′(2')；② 齿面位置建模，即通过坐标转换将齿面 1′(2') 从局部坐标系 $S_1^{(1)}(S_1^{(2)})$ 变化到固定坐标系 $S_f^{(1)}(S_f^{(2)})$ 中。可见，最终形成的齿面数学模型可表示为：

$$\boldsymbol{r}_f = \boldsymbol{T}_{2f}(\varphi) \cdot \boldsymbol{T}_{12(i)} \cdot (\boldsymbol{r}_1 + e_\alpha \cdot \boldsymbol{n}_1) \tag{4-3}$$

式中，$\boldsymbol{r}_1$ 是名义齿面位矢；$\boldsymbol{n}_1$ 是名义齿面单位法矢；e_α 是齿廓偏差数学模型；$\boldsymbol{T}_{12(i)}$ 是包含齿距偏差的转换矩阵数学模型；$\boldsymbol{T}_{2f}(\varphi)$ 是包含转角和几何偏差的转换矩阵数学模型；$\boldsymbol{r}_f$ 是最终齿面位矢。

在第 2 章分析刀具和齿轮运动关系时，由于涉及的坐标系较少，所以齿轮坐标系均采用 $S(o\text{-}xyz)$，而本章需要建立更多的坐标系，为了便于研究，给相应坐标系均加了角标。在第 2 章中坐标系 $S(o\text{-}xyz)$ 是与齿轮固联的坐标系，与本章的坐标系 $S_1(o_1\text{-}x_1y_1z_1)$ 实际上是一个坐标系，因此只需要对等处理即可。

下面将依次研究上述几类偏差模型的构建方法。

4.2.1 名义齿面数学模型构建

为了便于研究，针对齿数为 $z^{(1)}$、$z^{(2)}$ 的主、从齿轮，本章规定了上、下角标，其含义为：上角标 k 代表主动轮(小齿轮)和从动轮(大齿轮)，取值为 1、2；下角标 i 或 j 代表小齿轮或大齿轮的第 i 或 j 个工作齿面，取值从 1 到 $z^{(1)}$ 或 $z^{(2)}$。

以小齿轮为例构建齿轮名义齿面数学模型。如图 4-3 所示，建立与小齿轮固联的坐标系 $S_1^{(1)}(o_1\text{-}x_1 y_1 z_1)$，坐标原点 o_1 为齿宽中心位置，x_1 与齿轮中心轴线重合，y_1 在齿轮齿宽方向的对称面上，z_1 在齿轮左右齿面的对称面上。由于啮合过程的传动误差只与有效渐开线(即从啮入点到啮出点这一段渐开线)有关系，因此本章主要研究的是渐开线段的数学模型。在第 3 章中已经建立了渐开线齿廓的方程，如式(3-37)～式(3-39)所示。为了方便后面分析，根据几何关系或者文献[121]可以将该式转变为以滚动角为参数的方程，同时调整坐标轴与这里建立的坐标系一致，最后得到的小齿轮名义齿面数学模型为：

$$r_{0(i)}^{(1)}(u_{(i)}^{(1)}, w_{(i)}^{(1)}) = \begin{cases} x_{0(i)}^{(1)} = w_{(i)}^{(1)} \\ y_{0(i)}^{(1)} = r_{b}^{(1)}\left[\sin(u_{(i)}^{(1)} - u_0) - u_{(i)}^{(1)}\cos(u_{(i)}^{(1)} - u_0)\right] \\ z_{0(i)}^{(1)} = r_{b}^{(1)}\left[\cos(u_{(i)}^{(1)} - u_0) + u_{(i)}^{(1)}\sin(u_{(i)}^{(1)} - u_0)\right] \end{cases}$$

$$(4\text{-}4)$$

式中，$r_b^{(1)}$ 为小齿轮的基圆半径；$w_{(i)}^{(1)}$ 为齿轮 1 第 i 个齿面上齿宽方向的参数；$u_{(i)}^{(1)}$ 为齿轮 1 第 i 个齿渐开线上任一点 M_t 的滚动角；u_0 为此时基圆上渐开线起点偏离 y_0 轴的角度，可以写成：$u_0 = \theta_p^{(1)} - \alpha_n$，其中，$\theta_p^{(1)}$ 为刀具初始位置啮合点对应的滚动角，具体含义详见本章 4.2.5 节。

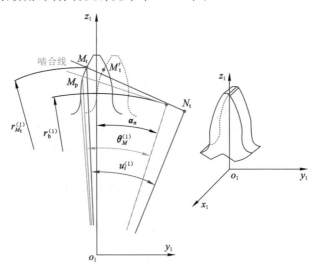

图 4-3　小齿轮名义齿面模型

　　为了改善齿轮在啮合过程中的啮合性能,防止边缘接触,本书利用文献[72,122]中的修形方式对齿轮进行齿向修形。为研究方便,本书依据文献[72]仅考虑对小齿轮进行齿向鼓形修形。图 4-4 所示为小齿轮齿向修形各参数的含义,修形曲线坐标系采用前面建立的坐标系$S_1(o_1\text{-}x_1y_1z_1)$,$o_g$ 为鼓形修形曲线的圆心,在齿宽中心线上;R_g 为鼓形修形曲线的半径;Δl 为最大鼓形量。

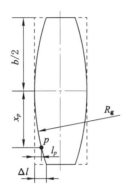

图 4-4　齿向修形参数的含义

　　根据几何关系可以得到鼓形修形曲线的半径为:

$$R_g = \frac{\Delta l}{2} + \frac{b^2}{8\Delta l} \tag{4-5}$$

　　设齿廓上任意一点 p 的鼓形量l_p,沿齿宽方向的坐标值为 x_p,两者之间的关系为:

$$l_p = R_g - \sqrt{R_g^2 - x_p^2} \tag{4-6}$$

　　那么,根据小齿面上齿向修形的几何关系,可以得到考虑了齿向修形的小齿轮齿面数学方程为:

$$\boldsymbol{r}'^{(1)}_{0(i)}(u^{(1)}_{(i)}, w^{(1)}_{(i)}) = \begin{bmatrix} 1 & 0 & 0 & 0 \\ 0 & \cos(\dfrac{l_p}{r^{(1)}}) & \sin(\dfrac{l_p}{r^{(1)}}) & 0 \\ 0 & -\sin(\dfrac{l_p}{r^{(1)}}) & \cos(\dfrac{l_p}{r^{(1)}}) & 0 \\ 0 & 0 & 0 & 1 \end{bmatrix} \cdot \begin{bmatrix} x^{(1)}_{0(i)} \\ y^{(1)}_{0(i)} \\ z^{(1)}_{0(i)} \\ 1 \end{bmatrix} \tag{4-7}$$

　　而齿轮齿面任一点的单位法矢为:

$$n'^{(1)}_{0(i)} = \frac{\dfrac{\partial r'^{(1)}_{0(i)}}{\partial u^{(1)}_{(i)}} \times \dfrac{\partial r'^{(1)}_{0(i)}}{\partial w^{(1)}_{(i)}}}{\left\| \dfrac{\partial r'^{(1)}_{0(i)}}{\partial u^{(1)}_{(i)}} \times \dfrac{\partial r'^{(1)}_{0(i)}}{\partial w^{(1)}_{(i)}} \right\|} \tag{4-8}$$

图 4-5 所示为根据上述齿面数学方程模拟的考虑鼓形齿向修形的小齿轮齿面三维模型图。

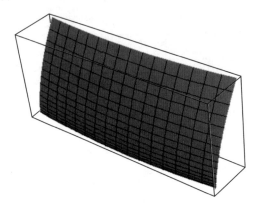

图 4-5　齿向修形齿面

4.2.2　齿廓偏差数学模型构建

按照齿轮精度标准[7]，齿廓的精度由齿廓总偏差进行控制。齿廓总偏差指的是在齿廓评价区内包含测得齿廓的两设计齿廓副本之间的距离，包括齿廓形状偏差和齿廓倾斜偏差，如图 4-6 所示。

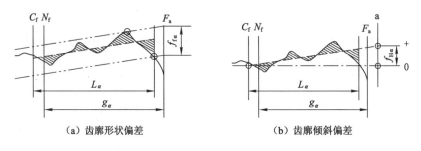

（a）齿廓形状偏差　　　　　　　　（b）齿廓倾斜偏差

图 4-6　齿廓总偏差

齿廓形状偏差指的是在齿廓评价区内包含测得齿廓的两平均齿廓线的副本之间的距离，一般用 $f_{f\alpha}$ 表示；齿廓倾斜偏差指的是分别通过平均齿廓线延长线与齿形控制直径和齿顶圆直径交点的两条设计齿廓的副本之间的距离，一般用 $f_{H\alpha}$ 表示。

依据文献[38]，在齿廓评价区内齿廓变动的数学模型可以表示为：

$$e_a(s) = e_{f\alpha}(s) + e_{H\alpha}(s)$$

$$= f_{H\alpha} \frac{s-s_0}{s_f-s_0} + \frac{f_{f\alpha}}{2}\sin(2\pi f_r \frac{s-s_0}{s_f-s_0}) \quad (s_0 \leqslant s \leqslant s_f) \quad (4-9)$$

式中，$f_{f\alpha}$ 和 $f_{H\alpha}$ 分别指的是齿廓形状偏差和齿廓倾斜偏差；f_r 是齿廓评价区内正弦波的频率；s 是齿廓评价区内渐开线展开长度（即为如图 4-3 所示的 $\overline{M_t N_t}$），与 $r_{Mt}^{(1)}$ 的关系为：$s = r_b^{(1)}\tan[\sec(r_b^{(1)}/r_{Mt}^{(1)})]$；$s_0$ 和 s_f 分别是齿廓评价区起始点和终止点，在本书中分别指的是实际渐开线起始点和终止点。

4.2.3　齿距偏差数学模型构建

根据齿轮精度标准[7]，齿距偏差包括单个齿距偏差、最大齿距偏差、齿距累积偏差和齿距累积总偏差。

单个齿距偏差 f_{pi} 定义为：在端截面的齿轮测量圆上度量的实际齿距与对应理论齿距之间的代数差。

最大齿距偏差 f_p 定义为：测得的所有单个齿距偏差中最大的绝对值，即 $f_p = \max|f_{pi}|$。

齿距累积偏差 F_{pi} 定义为：n 个相邻齿距对应的实际齿距与理论齿距之间的代数差，其中 $n = 1, \cdots, z(1)$ 或 $z(2)$。

齿距累积总偏差 F_p：测得的各个齿距累积偏差之间的最大代数差，即 $F_p = \max F_{pi} - \min F_{pi}$。

在图 4-7 中，设轮齿 1 的齿面为测量齿距偏差的起始齿面，与其固联的坐标系为 $S_2(o_2\text{-}x_2 y_2 z_2)$，第 i 个轮齿齿面的固有坐标系为 $S_{1(i)}$。如测得第 i 个轮齿齿面的单个齿距偏差为 f_{pi}，根据前面的定义，第 i 个同侧齿面与起始齿面的齿距累积偏差为：

$$F_{pi} = \sum_{k=1}^{i} f_{pk} \quad (4-10)$$

则坐标系 $S_{1(i)}$ 到 S_2 绕轴线 o_2 旋转的实际角度 θ_i 为：

$$\theta_i = (i-1)\frac{2\pi}{z_1} + \frac{F_{pi}}{d_M} \quad i \in \{2, \cdots, z_1\} \quad (4-11)$$

式中，d_M 为测量圆直径。

坐标系 $S_{1(i)}$ 到 S_2 的坐标转换矩阵为：

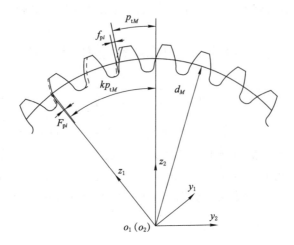

图 4-7　第 i 个齿面与起始齿面之间的坐标系转换

$$\boldsymbol{T}_{12(i)} = \begin{bmatrix} 1 & 0 & 0 \\ 0 & \cos\theta_i & -\sin\theta_i \\ 0 & \sin\theta_i & \cos\theta_i \\ 0 & 0 & 0 \end{bmatrix} \qquad (4\text{-}12)$$

4.2.4　基于 SDT 的几何偏差数学模型构建

（1）基于 SDT 的公差建模方法

SDT（Small Displacement Torsor）是带有 6 个运动分量的刚体产生微小位移所构成的矢量,最早由 Bourdet[48] 在 1996 年引入公差领域,并形成了公差表示的 SDT 方法。这种方法包括了两个假设:① 刚体假设,即零件的刚性足够大,其特征面的变形量非常小;② 小变动假设,即零件的公差相对于名义尺寸是微小量[123]。在这两个假设下,每一个要素的变动量都可以由两组矢量表示:绕坐标轴转动的微小变动矢量 $\boldsymbol{\theta} = (\theta_x, \theta_y, \theta_z)$ 和沿坐标轴平动的微小变动矢量 $\boldsymbol{d} = (d_x, d_y, d_z)$。

SDT 则为上述两组矢量的合成,可以写成:

$$\boldsymbol{D} = (\boldsymbol{\theta}, \boldsymbol{d})^{\mathrm{T}} = (\theta_x, \theta_y, \theta_z, d_x, d_y, d_z)^{\mathrm{T}} \qquad (4\text{-}13)$$

式中,θ_x、θ_y、θ_z、d_x、d_y、d_z 为 SDT 的旋量参数。

在实际的应用中,为了便于进行矩阵运算,经常将 SDT 各个分量写成齐次矩阵的形式:

$$T = \begin{bmatrix} 1 & -\theta_z & \theta_y & d_x \\ \theta_z & 1 & \theta_x & d_y \\ -\theta_y & \theta_x & 1 & d_z \\ 0 & 0 & 0 & 1 \end{bmatrix} \tag{4-14}$$

由于大多数要素是规则的,实际的 SDT 分量一般会少于 6 个,即 SDT 中部分参数在某些情况下将取 0。SDT 中旋量参数取 0 的情况如下:当几何要素在公差域中沿某一个矢量方向运动(平动或转动)时,其运动轨迹不产生异于该几何要素形状的新扫掠实体,则对应的矢量参数取 $0^{[53]}$。例如,对于图 4-8(a)所示的直线要素,由于它与 x 轴平行,当其沿 x 轴转动和平动时空间方位特征不变,则其 SDT 分量 θ_x 和 d_x 为 0;同理,对于图 4-8(b)所示的平面要素,由于其法向向量与 z 轴平行,当其沿 z 轴转动和沿 x、y 轴平动时空间方位特征不变,则其 SDT 分量 θ_z、d_x 和 d_y 为 0。

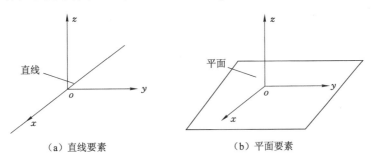

(a) 直线要素　　　　　　　　　　　(b) 平面要素

图 4-8　几何要素

利用 SDT 方法分析的一般步骤是:首先分析研究对象的特征并写出其 SDT;其次从公差规范的语义出发,用 SDT 变动方程和约束方程对公差进行建模,确定变动要素的变动区域;最后,通过实验设计来生成各变动要素的变动量,进而分析变动要素对目标性能的影响。

(2) 几何偏差数学模型构建

齿轮通过与轴配合安装在齿轮箱中,但往往由于加工误差和安装误差的存在,安装后的齿轮和轴之间会形成一定的偏差,从而导致主、从齿轮啮合时出现啮合不平稳的现象,进而产生噪声。本章考虑的几何偏差主要包括:齿轮齿圈与齿轮孔之间的偏差、齿轮孔与轴之间的偏差以及轴的安装偏差。

① 齿轮齿圈与齿轮孔之间的偏差模型

如图 4-9 所示,由于制造误差的存在,齿圈轴线 o_2 与齿轮孔轴线 o_3 之间

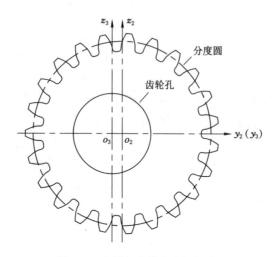

图 4-9　齿圈与齿轮孔之间的偏差

存在一定的偏差,为了保证两者之间的偏差值在允许范围内,一般通过设定同轴度公差来对轴线的变动方位进行约束。由于研究的对象为轴线,因此依据 SDT 建模方法,齿圈轴线在同轴度公差约束范围内变动的 SDT 为:

$$\boldsymbol{T}_{23} = \begin{bmatrix} 1 & -\theta_{z,23} & \theta_{y,23} & 0 \\ \theta_{z,23} & 1 & 0 & d_{y,23} \\ -\theta_{y,23} & 0 & 1 & d_{z,23} \\ 0 & 0 & 0 & 1 \end{bmatrix} \tag{4-15}$$

式中,$\theta_{y,23}$、$\theta_{z,23}$、$d_{y,23}$、$d_{z,23}$ 分别为轴线 o_2 与 o_3 之间同轴度公差的变动要素。

② 齿轮孔与轴线之间的偏差模型

如图 4-10 所示,将齿轮通过齿轮孔安装在轴上时,由于制造误差的存在,轴线 o_3 与轴线 o_4 之间同样存在着方位偏差。与前面分析类似,齿轮孔轴线 o_3 在同轴度公差约束范围内变动的 SDT 为:

$$\boldsymbol{T}_{34} = \begin{bmatrix} 1 & -\theta_{z,34} & \theta_{y,34} & 0 \\ \theta_{z,34} & 1 & 0 & d_{y,34} \\ -\theta_{y,34} & 0 & 1 & d_{z,34} \\ 0 & 0 & 0 & 1 \end{bmatrix} \tag{4-16}$$

式中,$\theta_{y,34}$、$\theta_{z,34}$、$d_{y,34}$、$d_{z,34}$ 分别为轴线 o_3 与 o_4 之间同轴度公差的变动要素。

③ 轴的安装偏差模型

按照文献[7],齿轮安装时的中心距和平行度偏差如图 4-11 所示。图中

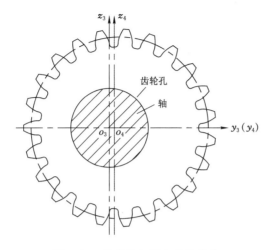

图 4-10　齿轮孔与轴之间的偏差

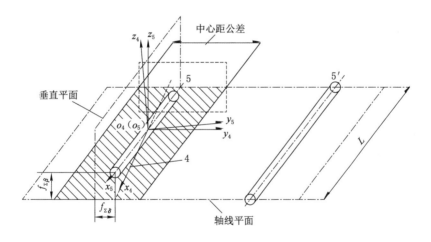

图 4-11　轴的安装偏差

轴线 4 和 5 分别为小齿轮轴的实际轴线和理想轴线,轴线 $5'$ 为大齿轮轴的实际轴线,一般以该轴线为测量基准轴线;$\Delta b = f_{\Sigma\delta}/2$,$f_{\Sigma\delta}$ 为轴线平面内的偏差;$\Delta c = f_{\Sigma\beta}/2$,$f_{\Sigma\beta}$ 为垂直平面上的偏差。由于此时以轴线 $5'$ 为测量基准,因此,为了保证轴线 4 和 5 之间的偏差值在允许范围内,一般设置中心距公差和平行度公差来约束轴线 4 的变动方位。由于研究对象同样也为直线,SDT 分量 θ_x 和 d_x 均为 0,因此其 SDT 可以写成如下形式:

$$T_{45} = \begin{bmatrix} 1 & -\theta_{z,45} & \theta_{y,45} & 0 \\ \theta_{z,45} & 1 & 0 & d_{y,45} \\ -\theta_{y,45} & 0 & 1 & d_{z,45} \\ 0 & 0 & 0 & 1 \end{bmatrix} \qquad (4\text{-}17)$$

式中,$\theta_{y,45}$、$\theta_{z,45}$、$d_{y,45}$、$d_{z,45}$分别为轴线o_4在中心距公差和平行度公差内的变动要素。

4.2.5 齿面数学模型构建

根据上述分析可知,对于小齿轮而言,其包含转角和安装偏差的转换矩阵数学模型为:

$$T_{2f}^{(1)}(\varphi) = T_{45}^{(1)} \cdot R^{(1)}(\varphi^{(1)}) \cdot T_{34}^{(1)} \cdot T_{23}^{(1)} \qquad (4\text{-}18)$$

式中,$R^{(1)}(\varphi^{(1)})$为小齿轮的转角矩阵,其表达式为:

$$R^{(1)}(\varphi^{(1)}) = \begin{bmatrix} 1 & 0 & 0 & 0 \\ 0 & \cos\varphi^{(1)} & -\sin\varphi(1) & 0 \\ 0 & \sin\varphi^{(1)} & \cos\varphi^{(1)} & 0 \\ 0 & 0 & 0 & 1 \end{bmatrix} \qquad (4\text{-}19)$$

式中,$\varphi^{(1)}$为小齿轮相对于初始位置的转角,它与滚动角的关系为:

$$\varphi^{(1)} = \theta^{(1)} - \theta_a^{(1)} \qquad (4\text{-}20)$$

式中,$\theta_a^{(1)}$为初始位置的滚动角;$\theta^{(1)}$为目前所处位置的滚动角。

设两齿轮在某一位置时的啮合点为M,根据几何关系,滚动角$\theta^{(1)}$可以通过以下公式进行计算:

$$\theta^{(1)} = \frac{\overline{MN_1}}{r_b^{(1)}} \qquad (4\text{-}21)$$

如图 4-12 所示,设初始位置为进入啮合位置,那么当主动轮处于初始位置的啮合点M_a时,依据第 2 章可知,从动轮的渐开线终止点T_2与M_a重合,因此初始位置的滚动角为:

$$\theta_a^{(1)} = \theta_{M_a}^{(1)} = \frac{\overline{M_a N_1}}{r_b^{(1)}} = \frac{\overline{N_1 N_2} - \overline{M_a N_2}}{r_b^{(1)}}$$

$$= \frac{\sqrt{a^2 - (r_b^{(1)} + r_b^{(2)})^2} - \sqrt{r_{T2}^2 - (r_b^{(2)})^2}}{r_b^{(1)}} \qquad (4\text{-}22)$$

式中,r_{T2}为从动轮的渐开线起始圆半径。

当主动轮处于终止位置(退出啮合位置)时,啮合点为M_d。此时主动轮的渐开线终止点T_1与M_d重合,那么该位置的滚动角为:

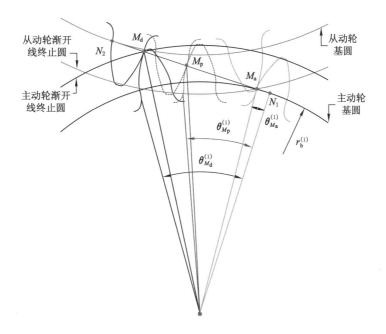

图 4-12　滚动角计算示意图

$$\theta_{M_d}^{(1)} = \frac{\overline{M_d N_1}}{r_b^{(1)}} = \frac{\sqrt{r_{T2}^2 - (r_b^{(1)})^2}}{r_b^{(1)}} \qquad (4\text{-}23)$$

式中，$r_b^{(1)}$ 为小齿轮的基圆；r_{T1} 为主动轮的渐开线起始圆半径。

可见，主动轮的转角范围可以表示为：

$$0 \leqslant \varphi^{(1)} \leqslant \theta_{M_d}^{(1)} - \theta_a^{(1)}$$

由于第 2 章所建立的齿轮模型位置并不在初始位置（图 4-12），此时的啮合点为 $M_p^{(1)}$，因此需要将其转换至初始位置。

根据前面的分析可知，啮合点 $M_p^{(1)}$ 也是刀具与该齿轮的接触点，此时刀具固联坐标系 $o_{hob}\text{-}x_{hob}y_{hob}z_{hob}$ 的 y_{hob} 轴与齿轮固联坐标系 $o_1^{(1)}\text{-}x_1^{(1)}y_1^{(1)}z_1^{(1)}$ 的 $y_1^{(1)}$ 轴重合，如图 4-13 所示。

因此根据图 4-13 所示的几何关系可以得到其坐标的向量形式为：

$$\boldsymbol{r}_{hob,M_p}^{(1)} = \begin{bmatrix} x_{hob,M_p}^{(1)} \\ y_{hob,M_p}^{(1)} \\ 1 \end{bmatrix} = \begin{bmatrix} -\dfrac{s_n^{(1)} \cos^2 \alpha_n}{2} \\ \dfrac{s_n^{(1)} \sin \alpha_n \cos \alpha_n}{2} \\ 1 \end{bmatrix} \qquad (4\text{-}24)$$

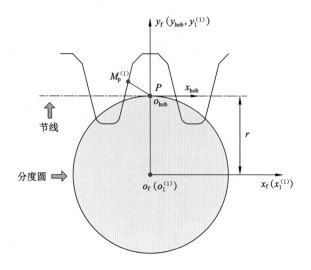

图 4-13　滚刀与小齿轮的初始位置

将式(4-23)代入第 2 章的式(2-23)～式(2-25)中,得到的 $M_p^{(1)}$ 在齿轮坐标系中的坐标为:

$$\boldsymbol{r}_{0,M_p}^{(1)} = \begin{bmatrix} x_{0,M_p}^{(1)} \\ y_{0,M_p}^{(1)} \\ 1 \end{bmatrix} = \begin{bmatrix} 1 & 0 & 0 \\ 0 & 1 & \dfrac{m_n z^{(1)}}{2} \\ 0 & 0 & 1 \end{bmatrix} \cdot \begin{bmatrix} x_{hob,M_p}^{(1)} \\ y_{hob,M_p}^{(1)} \\ 1 \end{bmatrix} = \begin{bmatrix} -\dfrac{s_n^{(1)} \cos^2 \alpha_n}{2} \\ \dfrac{s_n^{(1)} \sin \alpha_n \cos \alpha_n}{2} + \dfrac{m_n z^{(1)}}{2} \\ 1 \end{bmatrix}$$

$$(4\text{-}25)$$

根据式(4-22)可得滚动角 $\theta_p^{(1)}$ 为:

$$\theta_p^{(1)} = \frac{\sqrt{(o_1^{(1)} M_p^{(1)})^2 - (r_b^{(1)})^2}}{r_b^{(1)}} = \frac{\sqrt{(x_{M_p}^{(1)})^2 + (y_{M_p}^{(1)})^2 - (r_b^{(1)})^2}}{r_b^{(1)}}$$

$$(4\text{-}26)$$

式中,$r_b^{(1)}$ 为小齿轮的基圆。

那么所建立模型位置到初始位置的转换矩阵为:

$$\boldsymbol{M}_{01}^{(1)} = \begin{bmatrix} 1 & 0 & 0 & 0 \\ 0 & \cos(\theta_p^{(1)} - \theta_a^{(1)}) & \sin(\theta_p^{(1)} - \theta_a^{(1)}) & 0 \\ 0 & -\sin(\theta_p^{(1)} - \theta_a^{(1)}) & \cos(\theta_p^{(1)} - \theta_a^{(1)}) & 0 \\ 0 & 0 & 0 & 1 \end{bmatrix} \quad (4\text{-}27)$$

初始位置的主动轮齿面数学方程为:

$$\boldsymbol{r}_{1(i)}^{(1)}(u_{(i)}^{(1)}, w_{(i)}^{(1)}) = \begin{bmatrix} 1 & 0 & 0 & 0 \\ 0 & \cos(\theta_p^{(1)} - \theta_a^{(1)}) & \sin(\theta_p^{(1)} - \theta_a^{(1)}) & 0 \\ 0 & -\sin(\theta_p^{(1)} - \theta_a^{(1)}) & \cos(\theta_p^{(1)} - \theta_a^{(1)}) & 0 \\ 0 & 0 & 0 & 1 \end{bmatrix} \cdot \begin{bmatrix} x_{0(i)}^{\prime(1)} \\ y_{0(i)}^{\prime(1)} \\ z_{0(i)}^{\prime(1)} \\ 1 \end{bmatrix}$$

(4-28)

其齿面任一点的单位法矢为：

$$\boldsymbol{n}_{1(i)}^{(1)} = \frac{\dfrac{\partial \boldsymbol{r}_{1(i)}^{(1)}}{\partial \mu_{(i)}^{(1)}} \times \dfrac{\partial \boldsymbol{r}_{1(i)}^{(1)}}{\partial \lambda_{(i)}^{(1)}}}{\left\| \dfrac{\partial \boldsymbol{r}_{1(i)}^{(1)}}{\partial \mu_{(i)}^{(1)}} \times \dfrac{\partial \boldsymbol{r}_{1(i)}^{(1)}}{\partial \lambda_{(i)}^{(1)}} \right\|}$$

(4-29)

综上，主动轮的齿面公差数学模型为：

$$\boldsymbol{r}_{f(i)}^{(1)}(u_{(i)}^{(1)}, w_{(i)}^{(1)}, \varphi^{(1)}) = \boldsymbol{T}_{45}^{(1)} \cdot \boldsymbol{R}^{(1)}(\varphi^{(1)}) \cdot \boldsymbol{T}_{34}^{(1)} \cdot \boldsymbol{T}_{23}^{(1)} \cdot \boldsymbol{T}_{12(i)} \cdot (\boldsymbol{r}_1 + e_\alpha \cdot \boldsymbol{n}_1)$$

(4-30)

对于从动轮而言，根据图 4-11 可知，因大齿轮的安装轴为基准轴，所以不用考虑其安装偏差，那么其包含转角和安装偏差的转换矩阵数学模型为：

$$\boldsymbol{T}_{2f}^{(2)}(\varphi) = \boldsymbol{R}^{(2)}(\varphi^{(2)}) \cdot \boldsymbol{T}_{34}^{(2)} \cdot \boldsymbol{T}_{23}^{(2)}$$

(4-31)

式中，$\boldsymbol{R}^{(2)}(\varphi^{(2)})$ 为从动轮的转角矩阵，其表达式为：

$$\boldsymbol{R}^{(2)}(\varphi^{(2)}) = \begin{bmatrix} 1 & 0 & 0 & 0 \\ 0 & \cos \varphi^{(2)} & -\sin \varphi^{(2)} & 0 \\ 0 & \sin \varphi^{(2)} & \cos \varphi^{(2)} & 0 \\ 0 & 0 & 0 & 1 \end{bmatrix}$$

(4-32)

同样，需要将从动轮转动到初始位置（进入啮合位置）。此时的啮合点为 $M_p^{(2)}$，其在齿轮固联坐标系 $o^{(2)}\text{-}x^{(2)}y^{(2)}z^{(2)}$ 中的坐标为：

$$\boldsymbol{r}_{0,M_p}^{(2)} = \begin{bmatrix} x_{0,M_p}^{(2)} \\ y_{0,M_p}^{(1)} \\ 1 \end{bmatrix} = \begin{bmatrix} -\dfrac{s_n^{(2)} \cos^2 \alpha_n}{2} \\ \dfrac{s_n^{(2)} \sin \alpha_n \cos \alpha_n}{2} + \dfrac{m_n z^{(2)}}{2} \\ 1 \end{bmatrix}$$

(4-33)

根据式(4-22)可得滚动角 $\theta_p^{(2)}$ 为：

$$\theta_p^{(2)} = \frac{\sqrt{(o_1^{(2)} M_p^{(2)})^2 - (r_b^{(2)})^2}}{r_b^{(2)}} = \frac{\sqrt{(x_{M_p}^{(2)})^2 + (y_{M_p}^{(2)})^2 - (r_b^{(2)})^2}}{r_b^{(2)}}$$

(4-34)

从动轮的模型转换到的转换矩阵可以表示为：

$$
\boldsymbol{M}_{01}^{(2)} = \begin{bmatrix} 1 & 0 & 0 & 0 \\ 0 & \cos(\theta_{\mathrm{p}}^{(2)} - \theta_{\mathrm{a}}^{(2)}) & \sin(\theta_{\mathrm{p}}^{(2)} - \theta_{\mathrm{a}}^{(2)}) & 0 \\ 0 & -\sin(\theta_{\mathrm{p}}^{(2)} - \theta_{\mathrm{a}}^{(2)}) & \cos(\theta_{\mathrm{p}}^{(2)} - \theta_{\mathrm{a}}^{(2)}) & 0 \\ 0 & 0 & 0 & 1 \end{bmatrix}
\tag{4-35}
$$

初始位置的从动轮齿面数学方程为：

$$
\boldsymbol{r}_{1(i)}^{(2)}(u_{(i)}^{(2)}, w_{(i)}^{(2)}) = \begin{bmatrix} 1 & 0 & 0 & 0 \\ 0 & \cos(\theta_{\mathrm{p}}^{(2)} - \theta_{\mathrm{a}}^{(2)}) & \sin(\theta_{\mathrm{p}}^{(2)} - \theta_{\mathrm{a}}^{(2)}) & 0 \\ 0 & -\sin(\theta_{\mathrm{p}}^{(2)} - \theta_{\mathrm{a}}^{(2)}) & \cos(\theta_{\mathrm{p}}^{(2)} - \theta_{\mathrm{a}}^{(2)}) & 0 \\ 0 & 0 & 0 & 1 \end{bmatrix} \cdot \begin{bmatrix} x_{0(i)}^{\prime(2)} \\ y_{0(i)}^{\prime(2)} \\ z_{0(i)}^{\prime(2)} \\ 1 \end{bmatrix}
\tag{4-36}
$$

其齿面任一点的单位法矢为：

$$
\boldsymbol{n}_{1(i)}^{(2)} = \frac{\dfrac{\partial \boldsymbol{r}_{1(i)}^{(2)}}{\partial u_{(i)}^{(2)}} \times \dfrac{\partial \boldsymbol{r}_{1(i)}^{(2)}}{\partial w_{(i)}^{(2)}}}{\left\| \dfrac{\partial \boldsymbol{r}_{1(i)}^{(2)}}{\partial u_{(i)}^{(2)}} \times \dfrac{\partial \boldsymbol{r}_{1(i)}^{(2)}}{\partial w_{(i)}^{(2)}} \right\|}
\tag{4-37}
$$

综上，从动轮的齿面公差数学模型为：

$$
\boldsymbol{r}_{\mathrm{f}(i)}^{(2)}(u_{(i)}^{(2)}, w_{(i)}^{(2)}, \varphi^{(2)}) = \boldsymbol{R}^{(2)}(\varphi^{(2)}) \cdot \boldsymbol{T}_{34}^{(2)} \cdot \boldsymbol{T}_{23}^{(2)} \cdot \boldsymbol{T}_{12(i)} \cdot (\boldsymbol{r}_{1}^{(2)} + e_{a} \cdot \boldsymbol{n}_{1}^{(2)})
\tag{4-38}
$$

如果主、从齿轮均为理想齿廓，其主、从齿轮初始位置的啮合点为 M_{a}，那么当主动轮转动一定角度 $\varphi^{(1)}$，从动轮转动的角度为：

$$
\varphi_{\mathrm{ideal}}^{(2)} = \varphi^{(1)} \frac{z^{(1)}}{z^{(2)}}
\tag{4-39}
$$

当主、从齿轮存在误差时，其初始位置的啮合点为 M_{a}'，那么当主动轮转动一定角度 $\varphi^{(1)}$，从动轮转动的角度为：

$$
\varphi_{\mathrm{actual}}^{(2)} = \varphi^{(2)} - \varphi_{0}^{(2)}
\tag{4-40}
$$

式中，$\varphi_{0}^{(2)}$ 为实际初始位置相对理论初始位置的转角；$\varphi^{(2)}$ 为实际齿轮所处的位置相对于理论初始位置的转角。

$\varphi_{0}^{(2)}$、$\varphi^{(2)}$ 的值均通过齿面接触分析进行求解，将其计算值代入式(4-1)，即可获得传动误差的大小。

依据前文的分析，式(4-30)和式(4-38)中的精度参数包括齿廓偏差、齿距偏差、几何偏差中的变动要素。对于齿廓偏差和齿距偏差，依据精度标准中对应的公差值对其进行约束即可；而对于几何偏差的公差变动要素，则须依据公差值建立变动不等式和约束不等式来对其进行约束。在明确这些精度参数的约束范围后，就可以分析公差约束下的精度参数对传动性能的影响。

4.3　基于实际齿廓的齿面接触分析

4.3.1　齿面接触分析方法

齿面接触分析(TCA，Tooth Contact Analysis)的目的是获取啮合过程中齿轮齿面接触椭圆的位置和尺寸、接触迹线以及传动误差的大小。本书主要利用齿面接触分析方法来分析啮合过程中不同精度参数对传动误差大小的影响，从而为后面开展计及精度参数的动力学研究奠定基础。

如图 4-14 所示，在啮合过程中，齿轮 1 和齿轮 2 的啮合条件为：两齿面连续相切接触，并存在公共接触点 M，且公共接触点处都有公法线。该啮合条件的数学表达式为：

$$
\begin{cases}
\boldsymbol{r}_{(i)}^{(1)}(u_{(i)}^{(1)},w_{(i)}^{(1)},\varphi^{(1)}) - \boldsymbol{r}_{(j)}^{(2)}(u_{(j)}^{(2)},w_{(j)}^{(2)},\varphi^{(2)}) = 0 \\
\boldsymbol{n}_{(i)}^{(1)}(u_{(i)}^{(1)},w_{(i)}^{(1)},\varphi^{(1)}) - \boldsymbol{n}_{(j)}^{(2)}(u_{(j)}^{(2)},w_{(j)}^{(2)},\varphi^{(2)}) = 0
\end{cases}
\tag{4-41}
$$

式中，$\boldsymbol{n}_{(i)}^{(1)} = \dfrac{\dfrac{\partial \boldsymbol{r}_{(i)}^{(1)}}{\partial w_{(i)}^{(1)}} \times \dfrac{\partial \boldsymbol{r}_{(i)}^{(1)}}{\partial u_{(i)}^{(1)}}}{\left\| \dfrac{\partial \boldsymbol{r}_{(i)}^{(1)}}{\partial w_{(i)}^{(1)}} \times \dfrac{\partial \boldsymbol{r}_{(i)}^{(1)}}{\partial u_{(i)}^{(1)}} \right\|}$ 和 $\boldsymbol{n}_{(i)}^{(2)} = \dfrac{\dfrac{\partial \boldsymbol{r}_{(j)}^{(2)}}{\partial w_{(j)}^{(2)}} \times \dfrac{\partial \boldsymbol{r}_{(j)}^{(2)}}{\partial u_{(j)}^{(2)}}}{\left\| \dfrac{\partial \boldsymbol{r}_{(j)}^{(2)}}{\partial w_{(j)}^{(2)}} \times \dfrac{\partial \boldsymbol{r}_{(j)}^{(2)}}{\partial u_{(j)}^{(2)}} \right\|}$ 为两齿面的单位法矢。

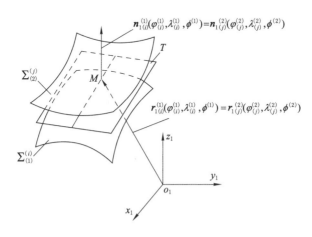

图 4-14　齿轮 1 和齿轮 2 的啮合关系

上述方程组为矢量方程组,可得到 5 个独立的标量方程,其中存在 5 个未知量:$u_{(i)}^{(1)}$、$w_{(i)}^{(1)}$、$\varphi^{(1)}$、$u_{(j)}^{(2)}$、$w_{(j)}^{(2)}$ 和 $\varphi^{(2)}$。当已知齿轮 1 的转角 $\varphi^{(1)}$ 时,方程组变为 5 个方程、5 个未知数的非线性方程组。

通过编程求解式(4-41),获得输出转角 $\varphi^{(2)}$ 的具体数值,再将其代入传动误差计算公式(4-1)或者(4-2)中,即可获得传动误差的具体数值。其求解程序流程如图 4-15 所示。

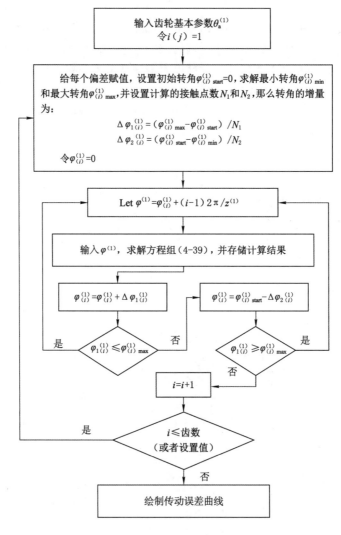

图 4-15　TCA 程序流程图

4.3.2 实例分析

由于大重合度齿轮实际上也是渐开线齿轮,因此上述模型和方法同样也适用于普通重合度齿轮传动误差的求解。目前专门针对大重合度齿轮传动误差计算的文献比较少见,因此为了验证上述数学模型和 TCA 程序的正确性,下面选取相关参考文献中的三对普通重合度齿轮进行对比分析。

(1)实例一

选取文献[76]中的 Case 1 进行对比分析。两齿轮的基本参数见表 4-1。

表 4-1 实例一的齿轮基本参数

基本参数	小齿轮	大齿轮
模数/mm	5	5
压力角/(°)	25	25
齿数	20	34
螺旋角/(°)	0	0
齿宽/mm	50	50

该实例中的对象为一对理想的直齿轮(小齿轮为主动轮,大齿轮为从动轮),没有考虑任何偏差,因此,其在任何转角下对应的传动误差应该为 0。由于文献所使用的齿轮没有考虑修形,因此,在建立的模型中忽略鼓形量的影响。同时,为了方便进行对比,将前文所建立模型的初始位置调整至与文献保持一致,且将文献中横坐标和纵坐标的单位均转换为弧度。

图 4-16 所示为利用编制的 TCA 程序模拟的传动误差曲线。从中可以看出,传动误差处处为 0,与文献中的曲线一致。为了进一步验证程序的正确性,选取了主动轮转角 $\varphi^{(1)}$ 分别为 -0.2、-0.1、0.1、0.2 时的两齿轮啮合状态图,如图 4-17 所示。从中可以看出,在上述转角位置,主动轮与从动轮均处于完全啮合状态,由于没有考虑齿向修形,因此其啮合线为沿着齿宽的一条直线,与实际啮合状态相符。随着主动轮转角的增加,啮合线在主动轮的齿面上朝着齿高方向不断移动,而在从动轮齿面上朝着齿根方向不断移动。

(2)实例二

选取文献[76]中的 Case 2 进行对比分析。两齿轮的基本参数见表 4-2。

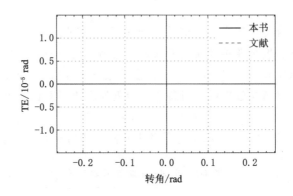

图 4-16　本书结果和文献结果的对比

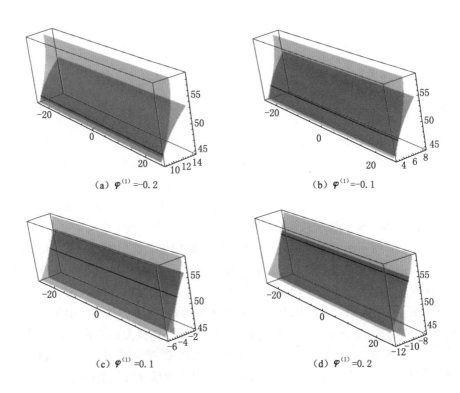

(a) $\varphi^{(1)}=-0.2$　　　　　　　　(b) $\varphi^{(1)}=-0.1$

(c) $\varphi^{(1)}=0.1$　　　　　　　　(d) $\varphi^{(1)}=0.2$

图 4-17　不同转角下的啮合状态

表 4-2　实例二的齿轮基本参数

基本参数	小齿轮	大齿轮
模数/mm	5	5
压力角/(°)	25	25
齿数	20	34
螺旋角/(°)	15	15
齿宽/mm	60	50

　　该实例中的对象为一对考虑了中心距偏差的斜齿轮(小齿轮为主动轮,大齿轮为从动轮)。在文献中,两齿轮的中心距相对于标准中心距增加了 0.1 mm,大齿轮相对于小齿轮绕 y 轴旋转了 $+0.02°$(对于本书所建立的坐标系,相当于主动轮绕 z_f 轴旋转了 $+0.02°$)。那么,本实例中,本书建立的数学模型中对应的偏差数值取值为:$d_{y,45}=0.1$,$\theta_{z,45}=0.02°$。

　　由于本书在前面章节建立的是直齿轮的齿面模型,因此只需要在原名义齿面的基础上考虑沿齿宽方向的螺旋角影响,即能推导出斜齿轮齿面数学模型,通过将传动误差求解程序中的模型进行替换,就可以得到斜齿轮传动误差计算程序。

　　图 4-18 所示为本书利用传动误差求解程序得到的计算结果与文献计算结果的对比图。从中可以看出,两传动误差曲线几乎一致。其不同之处在于双齿啮合区部分,这主要是因为文献在一个啮合周期内计算传动误差时所选取的求解点数较少,仅考虑了 9 个转角位置,所以在处理双齿啮合区的传动误差时有一定偏差。

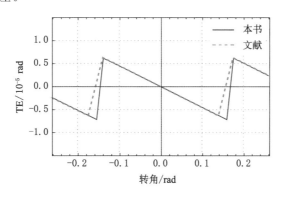

图 4-18　本书结果和文献结果的对比

图 4-19 所示为当小齿轮转角 $\varphi^{(1)}$ 分别为 -0.1、-0.05、0.05、0.1 时的两齿轮啮合状态图。从中可以看出,在上述转角位置,主、从齿轮均处于啮合状态,但由于从动轮的轴线存在偏差,绕坐标轴旋转了一定的角度,因此,此时主动轮的齿面与从动轮的齿面边缘线进行啮合,即发生了边缘接触,此时的啮合线不再是线而是点。随着主动轮转角的增加,啮合点在主动轮的齿面上朝着齿高方向不断移动,而在从动轮齿面边缘线上朝着齿根方向不断移动。由于边缘接触会对齿轮的传动性能和承载能力产生极大的影响,因此,为了保证良好的接触性能,防止因偏差造成边缘接触现象,一般要对轮齿进行齿向修形。

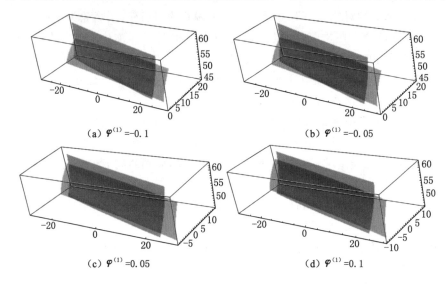

(a) $\varphi^{(1)} = -0.1$

(b) $\varphi^{(1)} = -0.05$

(c) $\varphi^{(1)} = 0.05$

(d) $\varphi^{(1)} = 0.1$

图 4-19　不同转角下的啮合状态

(3) 实例三

选取文献[72]中的 A、B、C、D 四种工况(为了更具说明性,本书增加了工况 E)进行对比分析。两齿轮的基本参数见表 4-3。

表 4-3　实例三的齿轮基本参数

基本参数	小齿轮	大齿轮
模数/mm	4	4
压力角/(°)	25	25
齿数	17	33
螺旋角/(°)	0	0
齿宽/mm	42	42

该实例中的对象为一对考虑了齿向修形和安装偏差的直齿轮(小齿轮为主动轮,大齿轮为从动轮)。其中,小齿轮的最大鼓形量 Δl 为 0.05,A、B、C、D、E 五种工况安装偏差的取值情况见表 4-4。

表 4-4　实例三的精度参数

工况	轴线平面内的平行度偏差 $f_{\Sigma\delta}$ /mm	垂直平面内的平行度偏差 $f_{\Sigma\beta}$ /mm	中心距偏差 Δa /mm
A	0	0	0
B	0	0.01	0.03
C	0.02	0.01	0.03
D	0.04	0.01	0.03
E	0.04	0.02	0.03

根据前面的分析可知,轴线平面内的平行度偏差 $f_{\Sigma\delta}$、垂直平面内的平行度 $f_{\Sigma\beta}$ 和中心距偏差 Δa 可以用变动要素表示为:

$$\begin{cases} \theta_{z,45} = \dfrac{f_{\Sigma\delta}}{b} \\[2mm] \theta_{y,45} = \dfrac{f_{\Sigma\beta}}{b} \\[2mm] d_{y,45} = -\Delta a \end{cases} \tag{4-42}$$

将上述变动要素的值代入 TCA 程序中,可以求解出啮合点的相关参数数值,利用这些数值就能模拟出大齿轮齿面上的接触轨迹,如图 4-20 所示。通过与文献[72]中的模拟图对比,可以发现两者非常相似,从而进一步验证了本程序的正确性。从模拟结果来看,轴线平面内的平行度偏差和垂直平面内的平行度偏差均会导致接触轨迹偏离中心,而且随着偏差的增大,偏离的距离会越来越大。中心距偏差不会对接触轨迹的偏离产生影响,只会影响接触轨迹的长度,这是因为中心距变化会改变齿轮啮合点位置,从而影响重合度的大小。可见,为了保证齿轮的传动性能,需要对上述偏差进行有效控制。

为了分析安装偏差对直齿轮传动误差的影响,利用程序模拟了上述五种工况下的传动误差曲线,如图 4-21 所示。从中可以看出,在不同安装偏差的工况下,传动误差几乎没有变化。可见,尽管安装偏差会导致接触轨迹发生偏移,从而影响承载能力,但是对直齿轮的传动误差没有明显的影响。

从上述三个实例分析可知,本书所建立的模型和编制的 TCA 程序是合理的。后续的研究将以此程序为基础来开展。

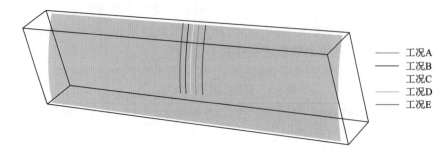

图 4-20　齿面上的接触轨迹

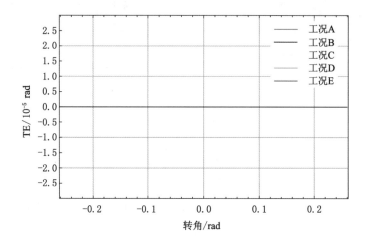

图 4-21　不同工况下的传动误差

4.4　齿轮副整体误差概念

齿轮副整体误差(Gear Pair Integrated Error,GPIE)是由北京工业大学石照耀教授以我国提出的齿轮整体误差测量技术为基础,根据误差作用原理和机构的精度理论提出的[106,124],用于揭示误差对传动质量的影响规律以及解决在研究齿轮动态特性和振动噪声时考虑齿轮传动误差不足的问题。

齿轮副整体误差曲线是将主、从动齿轮工作齿面的误差看成一个整体,利用测量仪器以同一零位为基准将工作齿面上的各个点误差值测出之后按照实际啮合顺序以啮合线增量的形式形成的曲线。由于齿轮副整体误差能够追溯到整个啮合周期中每一个轮齿在啮合过程中的接触点,因此,相对于传统的传动误差曲线而言,齿轮副整体误差曲线包含的信息更加全面,不但能够反映啮合过程中主、从动轮误差的综合结果,还可以分清误差来源于哪一对轮齿,更重要的是能够揭示在多对轮齿同时啮合时每一对轮齿的误差是如何相互影响和相互作用的。图 4-22 所示为普通重合度齿轮和大重合度齿轮的齿轮副整体误差与传动误差的对比图。

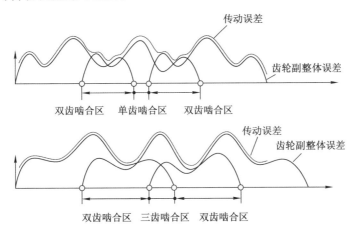

图 4-22　齿轮副整体误差与传动误差的对比

从上述概念和图 4-22 可知,传动误差曲线是齿轮副整体误差曲线的包络线,能够反映误差综合结果,但是明显在多对轮齿同时啮合时对误差的描述存在不足。由于大重合度齿轮的重合度大于 2,存在双齿啮合和三齿啮合,因此上述不足在大重合度齿轮副中表现得更为明显。在齿轮传动过程中,一对轮齿的动力学行为涉及制造误差、弹性变形、侧隙等多种因素的综合影响,每一对轮齿受到的影响均不一样,尤其是在多对齿轮同时参与啮合的情况下,笼统地把所有轮齿等效成一对轮齿来处理显然是不够全面的,因此,为了建立更加有效的动力学模型,需要考虑单个轮齿的动力学行为,而齿轮副整体误差能够全面有效地反映单对轮齿的误差情况,因此本书在后面章节以齿轮副整体误差代替传动误差来进行分析,为建立考虑精度参数的大重合度齿轮动力学模型奠定前期基础。

由于传动误差曲线是齿轮副整体误差曲线的包络线,因此齿轮副整体误差计算直接基于前面的传动误差计算程序即可。实际上,传动误差曲线正是在计算齿轮副整体误差的基础上考虑重合度而得到的,在图 4-15 所示的计算流程中,最后一个步骤的传动误差曲线绘制涉及了双齿啮合区和三齿啮合区的不同轮齿之间误差的处理。例如,对于图 4-18 的传动误差曲线而言,未考虑重合度的传动误差(即齿轮副整体误差),如图 4-23 所示。因此,在程序中忽略双齿啮合区和三齿啮合区的处理就形成了齿轮副整体误差的 TCA 求解程序。

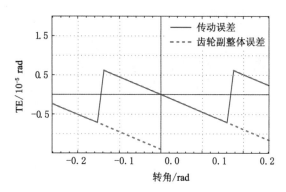

图 4-23　实例二的齿轮副整体误差与传动误差的对比

4.5　精度参数对齿轮副整体误差的影响分析

下面将以第 2 章中表 2-1 所列基本参数的大重合度齿轮为研究对象,基于修改后的 TCA 求解程序来分析啮合过程中不同精度参数对其齿轮副整体误差的影响。

4.5.1　齿廓偏差对齿轮副整体误差的影响

为了研究齿廓偏差对齿轮副整体误差的影响,以加工精度等级分别为6、7、8 级的大重合度齿轮为研究对象。为了方便研究又不失一般性,从每一个精度等级中分别选取一组相应的偏差值进行研究。根据齿轮精度标准[125]中给定的齿廓形状偏差和齿廓倾斜偏差数值范围,分别选取偏差数值(表 4-5)。下面将依次分析齿廓形状偏差和齿廓倾斜偏差对齿轮副整体误差的影响。

表 4-5　齿廓偏差数值

精度等级	齿廓形状偏差 $f_{f\alpha}/\mu m$	齿廓倾斜偏差 $f_{H\alpha}/\mu m$
6 级	7	±6
7 级	11	±9
8 级	16	±13

（1）齿廓形状偏差的影响

为了揭示不同精度等级下精度参数对齿轮副整体误差的影响规律，分析时只考虑小齿轮的精度状况。将表 4-5 中不同等级的齿廓形状偏差代入前面建立的齿廓偏差数学模型中，可以得到齿廓形状偏差曲线，如图 4-24 所示。将上述偏差代入 TCA 计算程序中，可以得到不同精度等级的齿轮副整体误差曲线，如图 4-25 所示。由于齿面状况只影响单个啮合周期的传动状态，因此只展示了一个啮合周期的齿轮副整体误差。

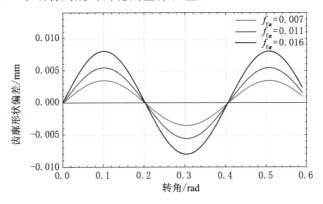

图 4-24　不同精度下的齿廓形状偏差

由图 4-24 和图 4-25 可以看出，齿廓形状偏差与齿轮副整体误差一致，主要区别在于齿廓形状偏差是从实际渐开线起始点开始，而形成的齿轮副整体误差是从从动轮啮入点（即理论渐开线起始点）开始。从变化趋势来看，随着 $f_{f\alpha}$ 的增加，齿轮副整体误差变化幅值会不断增加。

（2）齿廓倾斜偏差的影响

同理，将表 4-5 中不同等级的齿廓倾斜偏差代入前面建立的齿廓偏差数学模型中，可以得到齿廓倾斜偏差曲线，如图 4-26 所示。其对应的齿轮副整体误差曲线如图 4-27 所示。

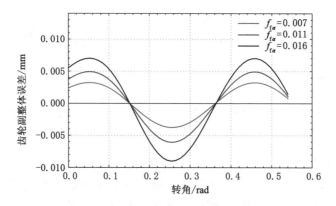

图 4-25　不同齿廓形状偏差形成的齿轮副整体误差

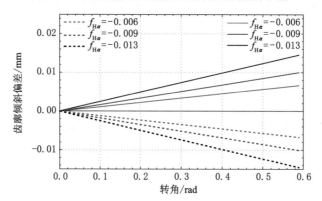

图 4-26　不同精度下的齿廓倾斜偏差

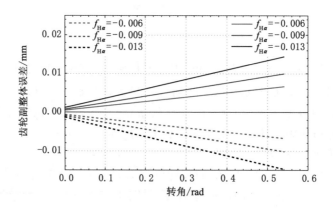

图 4-27　不同齿廓倾斜偏差形成的齿轮副整体误差

由图 4-26 和图 4-27 可以看出,齿廓倾斜偏差与齿轮副整体误差一致。齿廓倾斜偏差有正负之分,具体取决于齿廓类型,主要用来控制齿廓的实际压力角相对于理论压力角的偏差程度。从变化趋势来看,随着 $|f_{H\alpha}|$ 的增加,齿轮副整体误差最大值会不断变大。

4.5.2　齿距偏差对齿轮副整体误差的影响

齿轮精度标准[7]给出了单个齿距偏差 f_{pi} 和齿距累积总偏差 F_p 的数值。本书同样在 6、7、8 级的偏差数值范围中分别选择一组偏差数值进行研究,所选的齿距偏差数值见表 4-6。

表 4-6　齿距偏差数值

精度等级	单个齿距偏差 $f_{pi}/\mu m$	齿距累积总偏差 $F_p/\mu m$
6 级	±7	25
7 级	±11	35
8 级	±16	50

由于齿距累积偏差曲线依赖于实际测量结果,但一般来说,其整体变化趋势类似于正弦曲线,因此,在本书中,认为 f_{pi} 的正负情况符合齿距累积偏差的正弦曲线变化规律。根据上述数值,模拟生成的齿距偏差曲线如图 4-28 所示。

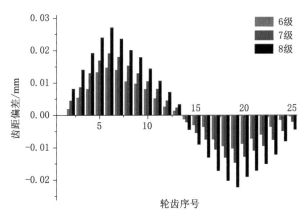

图 4-28　不同精度下的齿距偏差

从齿距偏差的定义可知,齿距偏差是以齿轮旋转一周为一个周期,因此,将表 4-6 中不同等级的齿距偏差代入前面的 TCA 程序中计算全部轮齿的齿轮副整体误差,所得到的齿轮副整体误差曲线如图 4-29 所示。

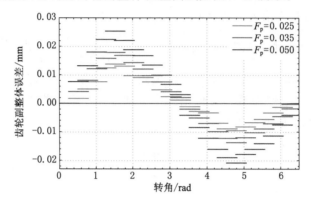

图 4-29　不同齿距偏差形成的齿轮副整体误差

由图 4-29 可以看出,齿距偏差产生的齿轮副整体误差不是以单个啮合周期为周期,而是以整个旋转的圈数为周期,而且它只影响整个旋转周期的齿轮副整体误差变化情况,不影响单个啮合周期的齿轮副整体误差,即在每个啮合周期内传动平稳,但是在不同啮合周期之间存在一定误差。随着 F_p 的增加,齿距偏差产生的齿轮副整体误差幅值越来越大,不同啮合周期之间的齿轮副整体误差差值也不断增大。另外,对于大重合度齿轮而言,由于存在三齿啮合区,如果利用传动误差来进行描述齿距偏差产生的传动影响,很容易忽略某对轮齿的传动情况,例如图 4-29 中的第 19 个齿,其传动误差完全被相邻的两对轮齿的传动误差覆盖,在绘制的传动误差曲线中将无法获得该对轮齿的啮合状态信息。可见,用齿轮副整体误差来描述更加全面,能够反映每个轮齿的实际啮合状态。

4.5.3　几何偏差对齿轮副整体误差的影响

根据前面的分析,大重合度直齿轮的几何偏差包括主要齿轮齿圈与齿轮孔之间的偏差、齿轮孔与轴线之间的偏差以及轴的安装偏差,而从式(4-30)的表达形式来看,齿轮齿圈与齿轮孔之间和齿轮孔与轴线之间的偏差数学模型形式一致,因此它们对传动误差的影响也相同,为了节约篇幅,在这里仅以表征齿轮齿圈与齿轮孔之间的偏差和轴的安装偏差为例来说明几何偏差对齿轮副整体误差的影响。

（1）齿圈与齿轮孔之间的偏差对齿轮副整体误差的影响

根据实际变动情况，选取齿圈与齿轮孔之间偏差变动要素 $\theta_{y,23}$、$\theta_{z,23}$、$d_{y,23}$、$d_{z,23}$ 的三组数值，见表 4-7。

表 4-7　几何偏差数值表

	$\theta_{y,23}/\mathrm{rad}$	$\theta_{z,23}/\mathrm{rad}$	$d_{y,23}/\mathrm{mm}$	$d_{z,23}/\mathrm{mm}$
1	0.003	0.003	0.005	0.005
2	0.005	0.005	0.01	0.01
3	0.007	0.007	0.015	0.015

① $\theta_{y,23}$ 对传动误差的影响

将表 4-7 中 $\theta_{y,23}$ 的不同数值代入前面的 TCA 程序中计算全部轮齿的齿轮副整体误差，所得到的齿轮副整体误差曲线如图 4-30 所示。

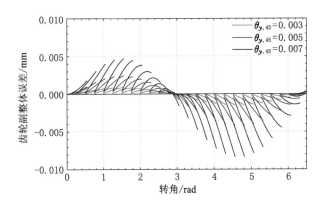

图 4-30　不同 $\theta_{y,23}$ 形成的齿轮副整体误差

由图 4-30 可知，当存在 $\theta_{y,23}$ 时，在每对轮齿的啮合周期内均会产生齿轮副整体误差，而且每一对轮齿的齿轮副整体误差随转角变化表现的特征不一样，其啮出点对应的齿轮副整体误差形成的包络线类似三角函数曲线。单个啮合周期内的齿轮副整体误差变化的单调性随着啮合轮齿所处的位置变化而变化，可能沿着一个方向增加，也可能沿着一个方向增加到一定程度后再反向增加，具体的变化特征取决于轮齿的位置和转角变化。从精度角度来看，随着 $\theta_{y,23}$ 的增加，单个啮合周期的齿轮副整体误差和整个周期的齿轮副整体误差

均会随之增大,即啮出点对应的齿轮副整体误差所对的包络线幅值会不断增加。

② $\theta_{z,23}$ 对传动误差的影响

将表 4-7 中 $\theta_{z,23}$ 的不同数值代入前面的 TCA 程序中计算全部轮齿的齿轮副整体误差,所得到的齿轮副整体误差曲线如图 4-31 所示。

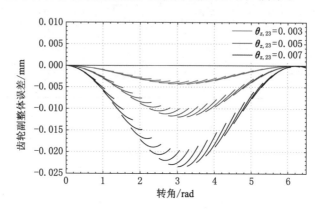

图 4-31   不同 $\theta_{z,23}$ 形成的齿轮副整体误差

由图 4-31 可知,与 $\theta_{y,23}$ 的影响相比,当 $\theta_{z,23}$ 存在时,每对轮齿的啮合周期内也会产生齿轮副整体误差,但是一个周期内齿轮副整体误差的变化趋势则与之不同。其区别在两个方面:一方面,单个周期内的啮入点对应的齿轮副整体误差形成的包络线呈三角函数曲线;另一方面,在相同的偏差数值下,$\theta_{z,23}$ 的影响更为明显,例如 $\theta_{y,23}$ 和 $\theta_{z,23}$ 都为 0.007 时,前者整体幅值变动在 0.015 mm 左右,而后者则在 0.025 mm 左右。从精度角度来看,随着 $\theta_{z,23}$ 的增加,单个啮合周期的齿轮副整体误差和整个周期的齿轮副整体误差均会随之增大,即啮入点对应的齿轮副整体误差所对的包络线幅值会不断增加。

③ $d_{y,23}$ 对传动误差的影响

将表 4-7 中 $d_{y,23}$ 的不同数值代入前面的 TCA 程序中计算全部轮齿的齿轮副整体误差,所得到的齿轮副整体误差曲线如图 4-32 所示。

由图 4-32 可知,$d_{y,23}$ 同样会产生单个啮合周期的齿轮副整体误差,而且每一对轮齿的齿轮副整体误差随转角变化表现的特征也不一样,但是相邻轮齿的齿轮副整体误差平滑过渡,整体趋势呈现三角函数形式。因此,这种情况下,齿轮副整体误差曲线和传动误差曲线一致。从精度角度来看,随着 $d_{y,23}$ 的增加,单个啮合周期的齿轮副整体误差和整个周期的齿轮副整体误差均会

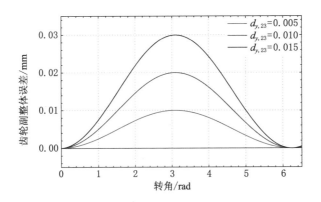

图 4-32　不同 $d_{y,23}$ 形成的齿轮副整体误差

随之增大。

④ $d_{z,23}$ 对传动误差的影响

将表 4-7 中 $d_{z,23}$ 的不同数值代入前面的 TCA 程序中计算全部轮齿的齿轮副整体误差,所得到的齿轮副整体误差曲线如图 4-33 所示。

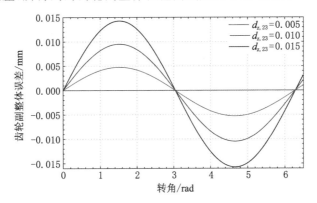

图 4-33　不同 $d_{z,23}$ 形成的齿轮副整体误差

由图 4-33 可知,$d_{z,23}$ 与 $d_{y,23}$ 产生的齿轮副整体误差效果基本一致,不同轮齿间的齿轮副整体误差平滑过渡,整体趋势均呈现三角函数形式。其区别仅在于变动的零线和相位有所不同,这个主要是因为 $d_{y,23}$ 是沿着 y 轴的偏心距偏差,$d_{z,23}$ 是沿着 z 轴的偏心距偏差。从精度角度来看,随着 $d_{z,23}$ 的增加,单个啮合周期的齿轮副整体误差和整个周期的齿轮副整体误差均会随之增大。

（2）轴的安装偏差对齿轮副整体误差的影响

选用表 4-7 的偏差数值，对应的变动要素 $\theta_{y,45}$、$\theta_{z,45}$、$d_{y,45}$、$d_{z,45}$ 的数值见表 4-8。

表 4-8　几何偏差数值表

	$\theta_{y,45}/\mathrm{rad}$	$\theta_{z,45}/\mathrm{rad}$	$d_{y,45}/\mathrm{mm}$	$d_{z,45}/\mathrm{mm}$
1	0.003	0.003	0.005	0.005
2	0.005	0.005	0.01	0.01
3	0.007	0.007	0.015	0.015

将表 4-8 中 $\theta_{y,45}$、$\theta_{z,45}$、$d_{y,45}$、$d_{z,45}$ 的不同数值分别代入前面的 TCA 程序中计算全部轮齿的齿轮副整体误差，所得到的齿轮副整体误差曲线分别如图 4-34(a)～(d)所示。

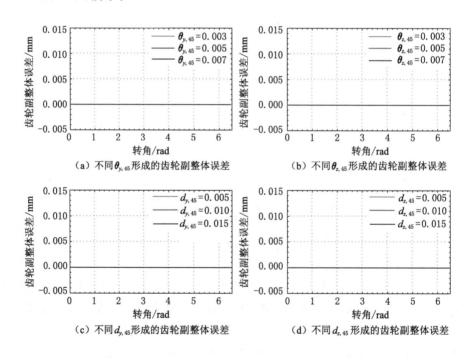

图 4-34　不同变动要素形成的齿轮副整体误差

由图 4-34 可知,轴的安装偏差对大重合度直齿轮的齿轮副整体误差没有影响,这与前面分析的结论一致。尽管如此,这些精度参数会使得接触位置偏离中心位置,从而影响齿轮副的承载特性。由于 $d_{y,45}$、$d_{z,45}$ 的变化相当于是两平行轴中心距的偏差,只会影响齿轮副重合度,因此,并不会影响其他精度参数产生的误差效果。而对于 $\theta_{y,45}$、$\theta_{z,45}$ 而言,它们相当于两支撑轴之间存在的倾角,会造成其他参数产生不同的误差效果。图 4-35 所示为 $\theta_{z,23} = 0.005$,$\theta_{z,45}$ 取 0.003、0.005、0.007 时对应的齿轮副整体误差。从中可以看出,$\theta_{z,45}$ 的存在对 $\theta_{z,23} = 0.005$ 形成的齿轮副整体误差产生了影响,这种影响随着 $\theta_{z,45}$ 的增大而加剧。可见,尽管轴的安装偏差没有单独对齿轮副整体误差产生影响,但是会影响其他参数产生的齿轮副整体误差,且会影响接触迹线的位置。另外,通过对比图 4-34 和斜齿轮的齿轮副整体误差可知,安装偏差对直齿轮的齿轮副整体误差影响不大,但是对斜齿轮有明显的影响。

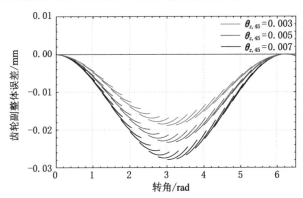

图 4-35　当 $\theta_{z,23} = 0.005$ 时不同 $\theta_{z,45}$ 形成的齿轮副整体误差

4.6　本章小结

本章通过分析大重合度齿轮的不同精度参数特点,构建了计及精度参数的大重合度齿轮齿面数学模型,研究了计及精度参数的齿面接触分析方法并编制了相应求解程序,通过三个实例验证了方法的正确性。分析了齿轮副整体误差的概念,阐述了引入齿轮副整体误差的必要性,并分析了不同精度参数对齿轮副整体误差的影响,为后续计算普通重合度和大重合度齿轮动力学的齿轮副整体误差提供了方法。

第5章 计及精度参数的普通重合度齿轮动力学模型构建及分析

本章将基于前面章节所计算的齿轮刚度和齿轮副整体误差,针对以往动力学研究中将所有参与啮合的轮齿等效于一对轮齿带来的问题进行研究,基于齿轮副整体误差的概念,构建计及精度参数的普通重合度齿轮动力学模型,并分析对比该模型与传统动力学模型的动力学特性,为后续构建大重合度齿轮的动力学模型提供方法。

5.1 传统动力学模型

目前,对于齿轮动力学分析普遍采用"弹性接触理论"[126]:将齿轮看作弹性体之间的接触,将接触行为简化为弹簧和阻尼,建立动力学模型,形成动力学方程,并根据数学方法求出高副体的位移、速度、加速度、动态接触力等动力学参数,进而分析其动力学性能。由于上述理论和方法能较好地求解齿轮动力学问题,因此得到了广泛应用。

国内外学者为了能够有效开展齿轮动力学研究,针对所研究的问题提出各种齿轮动力学模型,包括质量弹簧模型[127]、单自由度模型[117]、多自由度模型[128]、考虑其他因素影响的多自由度模型[129]等。其中,齿轮副的单自由度动力学模型是最为简单的模型,由于其建模简单,忽略了其他参数的影响,能够让研究人员将研究的焦点放于由轮齿啮合本身所产生的振动特性方面,因而在齿轮动力学研究中得到了非常广泛的应用。

在忽略传动轴、轴承及其他零部件弹性变形的基础上对渐开线直齿轮的动力学系统进行简化,可以得到如图 5-1 所示的单自由度动力学模型。

其动力学方程可以表示为:

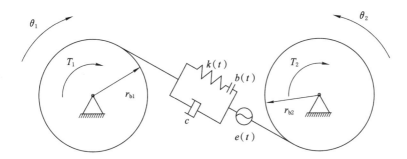

图 5-1　单自由度动力学模型

$$\begin{cases} I_1\ddot{\theta}_1 + cr_{b1}(r_{b1}\dot{\theta}_1 - r_{b2}\dot{\theta}_2 - \dot{e}(t)) + r_{b1}k(t)f(r_{b1}\theta_1 - r_{b2}\theta_2 - e(t)) = T_1 \\ I_2\ddot{\theta}_2 - cr_{b2}(r_{b1}\dot{\theta}_1 - r_{b2}\dot{\theta}_2 - \dot{e}(t)) - r_{b2}k(t)f(r_{b1}\theta_1 - r_{b2}\theta_2 - e(t)) = -T_2 \end{cases}$$

$$(5\text{-}1)$$

式中，I_1、I_2 分别为主动轮和从动轮的转动惯量；θ_1、θ_2 分别为主动轮和从动轮的转动角；r_{b1}、r_{b2} 分别为主动轮和从动轮的基圆半径；T_1、T_2 分别为主动轮和从动轮的所受外力矩；c 为阻尼系数；$e(t)$ 为传动误差；$k(t)$ 为时变啮合刚度。

其中，$f(r_{b1}\theta_1 - r_{b2}\theta_2 - e(t))$ 为关于啮合线上的位移 $r_{b1}\theta_1 - r_{b2}\theta_2 - e(t)$ 的侧隙函数，其表达式为：

$$f(r_{b1}\theta_1 - r_{b2}\theta_2 - e(t))$$
$$= \begin{cases} r_{b1}\theta_1 - r_{b2}\theta_2 - e(t) - b & r_{b1}\theta_1 - r_{b2}\theta_2 - e(t) > b \\ 0 & -b \leqslant r_{b1}\theta_1 - r_{b2}\theta_2 - e(t) \leqslant b \\ r_{b1}\theta_1 - r_{b2}\theta_2 - e(t) + b & r_{b1}\theta_1 - r_{b2}\theta_2 - e(t) < -b \end{cases} \quad (5\text{-}2)$$

令轮齿在啮合线上的相对位移 $x(t)$ 为动态传动误差，即：

$$x(t) = r_{b1}\theta_1 - r_{b2}\theta_2 \quad (5\text{-}3)$$

通过合并方程(5-1)并整理，可以得到：

$$m_e\ddot{x} + c\dot{x} + k(t)f(x) = F_m + c\dot{e}(t) + k(t)e(t) \quad (5\text{-}4)$$

式中，m_e 为等效质量，$m_e = I_1I_2/(I_1r_{b2}^2 + I_2r_{b1}^2)$；$F_m$ 是系统的等效外部激励，$F_m = T_1/r_{b1} = T_2/r_{b2}$；侧隙函数 $f(x)$ 变为：

$$f(x) = \begin{cases} x - e(t) - b & x > e(t) + b \\ 0 & e(t) - b \leqslant x \leqslant e(t) + b \\ x - e(t) + b & x < e(t) - b \end{cases} \quad (5\text{-}5)$$

系统固有频率 w_n 的表达式为：

$$w_n = \sqrt{\frac{k_m}{m_e}} \tag{5-6}$$

式中，k_m 为平均啮合刚度。

引入标称尺寸 l，令 $q = x/l$，$\tau = w_n t$，对式(5-4)进行无量纲化，有：

$$\ddot{q} + 2\zeta\dot{q} + \frac{\overline{k}(\tau)}{k_m}\overline{f}(q) = \frac{F_m}{k_m l} + 2\zeta\frac{\dot{\overline{e}}(\tau)}{l} \tag{5-7}$$

式中，ζ 为阻尼比，$\zeta = c/m_e w_n$；无量纲化后的侧隙函数 $\overline{f}(q)$ 为：

$$\overline{f}(q) = \begin{cases} q - \dfrac{\overline{e}(\tau)}{l} - \dfrac{b}{l} & q > \dfrac{\overline{e}(\tau)}{l} + \dfrac{b}{l} \\[2mm] 0 & \dfrac{\overline{e}(\tau)}{l} - \dfrac{b}{l} \leqslant q \leqslant \dfrac{\overline{e}(\tau)}{l} + \dfrac{b}{l} \\[2mm] q - \dfrac{\overline{e}(\tau)}{l} + \dfrac{b}{l} & q < \dfrac{\overline{e}(\tau)}{l} - \dfrac{b}{l} \end{cases} \tag{5-8}$$

式中，q、$\overline{k}(\tau)$、$\overline{e}(\tau)$ 均是关于 τ 的函数。

在上述动力学模型中，为了研究方便，通常将轮齿的啮合过程简化为一对轮齿的等效数学模型。而实际上在齿轮传动过程中，一对轮齿的动力学行为涉及制造误差、弹性变形、侧隙等多种因素的综合影响，每一对轮齿受到的影响均不一样，在多对齿轮同时参与啮合的情况下，笼统地把所有轮齿等效成一对轮齿来处理显然是不够全面的。另外，虽然目前大部分文献所建立的动力学模型都考虑传动误差 $e(t)$ 的影响，但是所使用的传动误差表征方法太过笼统，没有从精度参数的角度来分析传动误差的形成及对动力学特性的影响。

因此，针对上述不足，本章将基于齿轮副整体误差开展计及精度参数的齿轮动力学模型的研究。

5.2 基于齿轮副整体误差的齿轮动力学模型

文献[106]对基于齿轮副整体误差的齿轮动力学模型进行了研究，但是并没有考虑精度参数的影响和侧隙，而且在处理时也没有考虑实际啮合对数的变化。为此，本书将进一步完善基于齿轮副整体误差的动力学模型，建立考虑不同精度参数和侧隙的非线性动力学模型。

由于本书主要焦点在于研究各种精度参数对齿轮动力学特性的影响，因此在建模时仍然忽略了齿轮系统的传动轴、支撑轴承等的弹性变形以及各种摩擦力的影响，采用单自由度模型来描述齿轮的动力学行为。

设 $k^{(j)}(t)$ 和 $e^{(j)}(t)$ 分别为第 j 对轮齿的单齿啮合刚度和齿轮副整体误差。参与实际啮合过程为第 $j-1$、j、$j+1$ 对轮齿。那么，普通重合度齿轮的单自由度动力学模型可以简化为如图 5-2 所示[106]。

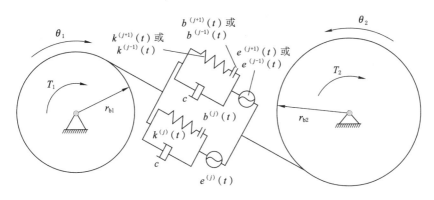

图 5-2　基于齿轮副整体误差的动力学模型

假设三对轮齿同时参与啮合，可以得到对应的动力学方程如下：

$$I_1\ddot{\theta}_1 + cr_{b1}(\dot{\theta}_1 r_{b1} - \dot{\theta}_2 r_{b2} - \dot{e}^{(j-1)}(t)) + cr_{b1}(\dot{\theta}_1 r_{b1} - \dot{\theta}_2 r_{b2} - \dot{e}^{(j)}(t)) +$$
$$cr_{b1}(\dot{\theta}_1 r_{b1} - \dot{\theta}_2 r_{b2} - \dot{e}^{(j+1)}(t)) + k^{(j-1)}(t) r_{b1} f^{(j-1)}(\theta_1 r_{b1} - \theta_2 r_{b2} -$$
$$e^{(j-1)}(t)) + k^{(j)}(t) r_{b1} f^{(j)}(\theta_1 r_{b1} - \theta_2 r_{b2} - e^{(j)}(t)) +$$
$$k^{(j+1)}(t) r_{b1} f^{(j+1)}(\theta_1 r_{b1} - \theta_2 r_{b2} - e^{(j+1)}(t)) = T_1 \tag{5-9a}$$

$$I_2\ddot{\theta}_2 - cr_{b2}(\dot{\theta}_1 r_{b1} - \dot{\theta}_2 r_{b2} - \dot{e}^{(j-1)}(t)) - cr_{b2}(\dot{\theta}_1 r_{b1} - \dot{\theta}_2 r_{b2} - \dot{e}^{(j)}(t)) -$$
$$cr_{b2}(\dot{\theta}_1 r_{b1} - \dot{\theta}_2 r_{b2} - \dot{e}^{(j+1)}(t)) - k^{(j-1)}(t) r_{b2} f^{(j-1)}(\theta_1 r_{b1} - \theta_2 r_{b2} -$$
$$e^{(j-1)}(t)) - k^{(j)}(t) r_{b2} f^{(j)}(\theta_1 r_{b1} - \theta_2 r_{b2} - e^{(j)}(t)) - k^{(j+1)}(t) r_{b2} f^{(j+1)}$$
$$(\theta_1 r_{b1} - \theta_2 r_{b2} - e^{(j+1)}(t)) = -T_2 \tag{5-9b}$$

令动态传动误差 $x(t) = \theta_1 r_{b1} - \theta_2 r_{b2}$，进行整理：式（5-9a）$\times I_2 r_{b1}$ — 式（5-9b）$\times I_1 r_{b2}$，可以得到：

$$m_e\ddot{x} + 3c\dot{x} + k^{(j-1)}(t) f^{(j-1)}(x - e^{(j-1)}(t)) +$$
$$k^{(j)}(t) f^{(j)}(x - e^{(j)}(t)) + k^{(j+1)}(t) f^{(j+1)}(x - e^{(j+1)}(t)) -$$
$$c(\dot{e}^{(j-1)}(t) + \dot{e}^{(j)}(t) + \dot{e}^{(j+1)}(t)) = F_m \tag{5-10}$$

通过考虑每对轮齿的实际啮合时间，对上式进行整理，可得到该模型的动力学方程为：

$$m_e \ddot{x} + \rho(t) c \dot{x} + W_m(t) = F_m \tag{5-11}$$

式中，$\rho(t)$为啮合对数。由于实际运转过程中，轮齿啮合对数并不是固定不变的，而是随时间发生变化。对于普通重合度齿轮而言，其啮合过程包括"双齿啮合、单齿啮合、双齿啮合"三个过程，那么，当轮齿处于单齿啮合区时，$\rho(t)=1$；当轮齿处于双齿啮合区时，$\rho(t)=2$。因此，$\rho(t)$的表达式可以表示为：

$$\rho(t) = \begin{cases} 2 & nT_z \leqslant t < nT_z + (T_h - T_z) \\ 1 & nT_z + (T_h - T_z) \leqslant t < nT_z + T_z \quad n=0,1,2,\cdots \\ 2 & nT_z + T_z \leqslant t < nT_z + T_h \end{cases}$$

$$\tag{5-12}$$

式中，T_z为系统啮合周期，与齿轮1的齿数z_1和转速n_1有关，即$T_z = 60/z_1 n_1$；T_h为一个完整齿的啮合时间。

$W_m(t)$为等效内部激励，其表达式为：

$$W_m(t) = \begin{cases} k^{(j-1)}(t) f^{(j-1)}(x - e^{(j-1)}(t)) + \\ k^{(j)}(t) f^{(j)}(x - e^{(j)}(t)) & nT_z \leqslant t < nT_z + (T_h - T_z) \\ k^{(j)}(t) f^{(j)}(x - e^{(j)}(t)) & nT_z + (T_h - T_z) \leqslant t < nT_z + T_z \\ k^{(j)}(t) f^{(j)}(x - e^{(j)}(t)) + & nT_z + T_z \leqslant t < nT_z + T_h \\ k^{(j+1)}(t) f^{(j+1)}(x - e^{(j+1)}(t)) \end{cases}$$

$$n=0,1,2,\cdots \tag{5-13}$$

式中，$f^{(j-1)}(x - e^{(j-1)}(t))$、$f^{(j)}(x - e^{(j)}(t))$、$f^{(j+1)}(x - e^{(j+1)}(t))$分别为第$j-1$、$j$、$j+1$对轮齿的侧隙函数，其表达式分别为：

$$f^{(j)}(x - e^{(j-1)}(t)) = \begin{cases} x - e^{(j-1)}(t) - b & x > e^{(j-1)}(t) + b \\ 0 & e^{(j-1)}(t) - b \leqslant x \leqslant e^{(j-1)}(t) + b \\ x - e^{(j-1)}(t) + b & x < e^{(j-1)}(t) - b \end{cases}$$

$$\tag{5-14}$$

$$f^{(j)}(x - e^{(j)}(t)) = \begin{cases} x - e^{(j)}(t) - b & x > e^{(j)}(t) + b \\ 0 & e^{(j)}(t) - b \leqslant x \leqslant e^{(j)}(t) + b \\ x - e^{(j)}(t) + b & x < e^{(j)}(t) - b \end{cases}$$

$$\tag{5-15}$$

$$f^{(j+1)}(x - e^{(j+1)}(t)) = \begin{cases} x - e^{(j+1)}(t) - b & x > e^{(j+1)}(t) + b \\ 0 & e^{(j+1)}(t) - b \leqslant x \leqslant e^{(j+1)}(t) + b \\ x - e^{(j+1)}(t) + b & x < e^{(j+1)}(t) - b \end{cases}$$

$$\tag{5-16}$$

对式(5-11)进行无量纲化,得到的动力学方程为:

$$\ddot{q}(\tau) + 2\zeta\overline{\rho}(\tau)\dot{q}(\tau) + \frac{\overline{W}_m(\tau)}{k_m} = \frac{F_m}{k_m l} \tag{5-17}$$

其中:

$$\overline{\rho}(\tau) = \begin{cases} 2 & w_n nT_z \leqslant \tau < w_n[nT_z + (T_h - T_z)] \\ 1 & w_n[nT_z + (T_h - T_z)] \leqslant \tau < w_n(nT_z + T_z) \quad n = 0,1,2,\cdots \\ 2 & w_n(nT_z + T_z) \leqslant \tau < w_n(nT_z + T_h) \end{cases} \tag{5-18}$$

$$\overline{W}_m(\tau) = \begin{cases} \overline{k}^{(j-1)}(\tau)\overline{f}^{(j-1)}(\tau) + \\ \overline{k}^{(j)}(\tau)\overline{f}^{(j)}(\tau) & w_n nT_z \leqslant \tau < w_n[nT_z + (T_h - T_z)] \\ \overline{k}^{(j)}(\tau)\overline{f}^{(j)}(\tau) & w_n[nT_z + (T_h - T_z)] \leqslant \tau < w_n(nT_z + T_z) \\ \overline{k}^{(j)}(\tau)\overline{f}^{(j)}(\tau) + & w_n(nT_z + T_z) \leqslant \tau < w_n(nT_z + T_h) \\ \overline{k}^{(j+1)}(\tau)\overline{f}^{(j+1)}(\tau) \end{cases}$$

$$n = 0,1,2,\cdots \tag{5-19}$$

式中, $\overline{f}^{(j-1)}(\tau)$ 、 $\overline{f}^{(j)}(\tau)$ 、 $\overline{f}^{(j+1)}(\tau)$ 分别为无量纲化后齿轮副第 $j-1$ 、 j 、 $j+1$ 对轮齿的侧隙函数,其表达式分别为:

$$\overline{f}^{(j-1)}(\tau) = \begin{cases} q - \dfrac{\overline{e}^{(j-1)}(\tau)}{l} - \dfrac{b}{l} & q > \dfrac{\overline{e}^{(j-1)}(\tau)}{l} + \dfrac{b}{l} \\ 0 & \dfrac{\overline{e}^{(j-1)}(\tau)}{l} - \dfrac{b}{l} \leqslant q \leqslant \dfrac{\overline{e}^{(j-1)}(\tau)}{l} + \dfrac{b}{l} \\ q - \dfrac{\overline{e}^{(j-1)}(\tau)}{l} + \dfrac{b}{l} & q < \dfrac{\overline{e}^{(j-1)}(\tau)}{l} - \dfrac{b}{l} \end{cases} \tag{5-20}$$

$$\overline{f}^{(j)}(\tau) = \begin{cases} q - \dfrac{\overline{e}^{(j)}(\tau)}{l} - \dfrac{b}{l} & q > \dfrac{\overline{e}^{(j)}(\tau)}{l} + \dfrac{b}{l} \\ 0 & \dfrac{\overline{e}^{(j)}(\tau)}{l} - \dfrac{b}{l} \leqslant q \leqslant \dfrac{\overline{e}^{(j)}(\tau)}{l} + \dfrac{b}{l} \\ q - \dfrac{\overline{e}^{(j)}(\tau)}{l} + \dfrac{b}{l} & q < \dfrac{\overline{e}^{(j)}(\tau)}{l} - \dfrac{b}{l} \end{cases} \tag{5-21}$$

$$\overline{f}^{(j+1)}(\tau) = \begin{cases} q - \dfrac{\overline{e}^{(j+1)}(\tau)}{l} - \dfrac{b}{l} & q > \dfrac{\overline{e}^{(j+1)}(\tau)}{l} + \dfrac{b}{l} \\[3mm] 0 & \dfrac{\overline{e}^{(j+1)}(\tau)}{l} - \dfrac{b}{l} \leqslant q \leqslant \dfrac{\overline{e}^{(j+1)}(\tau)}{l} + \dfrac{b}{l} \\[3mm] q - \dfrac{\overline{e}^{(j+1)}(\tau)}{l} + \dfrac{b}{l} & q < \dfrac{\overline{e}^{(j+1)}(\tau)}{l} - \dfrac{b}{l} \end{cases}$$

$$(5\text{-}22)$$

5.3　两种动力学模型的对比分析

5.3.1　实际齿形参数的计算

下面以普通重合度齿轮(表 5-1)为例来对比分析两种动力学模型。

表 5-1　普通重合度齿轮参数

参数	数值大小	
	小齿轮	大齿轮
模数/mm	3.25	3.25
齿数	25	32
压力角/(°)	20	20
齿顶高系数	1	1
变位系数	−0.14	−0.19
齿顶圆直径/mm	$\phi 86.73_{-0.02}^{\;\;0}$	$\phi 109.16_{-0.02}^{\;\;0}$
齿根圆直径/mm	$\phi 72.22_{-0.02}^{\;\;0}$	$\phi 94.64_{-0.02}^{\;\;0}$
跨齿距(滚齿)/mm	$24.72_{-0.03}^{\;\;0}/3$	$34.57_{-0.03}^{\;\;0}/4$
跨齿距(剃齿)/mm	$24.65_{-0.03}^{\;\;0}/3$	$34.50_{-0.03}^{\;\;0}/4$

基于前面的刀具参数优化方法,得到的剃前滚刀参数见表 5-2。

表 5-2　剃前滚刀参数

参数	数值大小	
	小齿轮	大齿轮
$m_{n,hob}/\mathrm{mm}$	3.25	
$\alpha_{n,hob}/(°)$	20	
$\alpha_{f,hob}/(°)$	15	
$s_{n,hob}/\mathrm{mm}$	5.551	5.618
$\alpha_{x,hob}/(°)$	49.068	50.835
$h_{a,hob}/\mathrm{mm}$	4.52	4.685
$h_{d,hob}/\mathrm{mm}$	6.858	6.823
h_{hob}/mm	7.4	7.4
H_{hob}/mm	0.037	0.041
$h_{b,hob}/\mathrm{mm}$	0.351	0.509
$h_{c,hob}/\mathrm{mm}$	0.761	0.963
R_{hob}/mm	0.528	0.772

　　根据上述参数,利用前面编制的齿廓模拟程序模拟出的普通重合度齿轮的齿廓如图 5-3 所示。

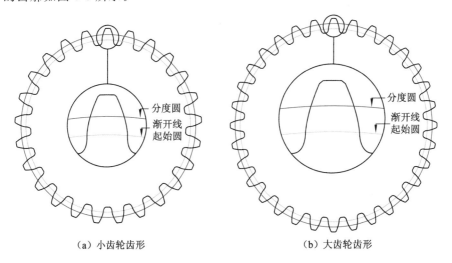

（a）小齿轮齿形　　　　　　　　　　　（b）大齿轮齿形

图 5-3　普通重合度齿轮齿廓

5.3.2 齿轮啮合刚度的计算

已知两齿轮的弹性模量和泊松比分别为:$E_1 = E_2 = 260.8$ GPa,$\nu_1 = \nu_2 = 0.3$。基于前面讨论的啮合刚度求解方法,代入小齿轮和大齿轮的齿廓参数,即可得到单对齿的啮合刚度。在传统的动力学模型中,考虑的是综合啮合刚度,因此,为了后面能够对比两种动力学模型的动力学特性,在这里结合轮齿啮合情况计算了综合啮合刚度。图 5-4 所示为多个周期下单对齿啮合刚度和综合啮合刚度曲线的对比。

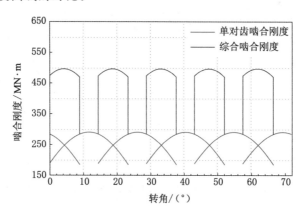

图 5-4 单对齿啮合刚度和综合啮合刚度对比

为了方便后面开展动力学研究,可以利用傅里叶函数对刚度曲线进行拟合。由图 5-4 可以看出,单对齿的啮合刚度曲线比较单一,利用二阶傅里叶函数就能非常精确地拟合其啮合刚度曲线。通过对刚度进行拟合,得到的二阶傅里叶函数如式(5-23)所示。

$$k(t) = 8.151 \times 10^7 + 1.158 \times 10^8 \cos(251.4t) + 1.609 \times 10^8 \sin(251.4t) -$$
$$7.692 \times 10^6 \cos(502.8t) + 9.649 \times 10^6 \sin(502.8t) \qquad (5\text{-}23)$$

图 5-5 所示为拟合函数模拟的单齿刚度曲线与原来利用势能法计算的单齿刚度曲线的对比。从中可以看出,两种刚度曲线非常吻合。

对于综合啮合刚度而言,由于齿轮啮合过程中单双齿交替时接触情况发生变化,导致综合啮合刚度存在突变,因此,直接采用傅里叶函数会带来误差,无法对啮合刚度进行精确拟合,从而影响动力学分析的准确性。为此,本书采用基于单对齿啮合刚度傅里叶函数对综合啮合刚度进行分段拟合。

对于普通重合度齿轮而言,一对轮齿啮合要经历三个过程,即:前一对齿和

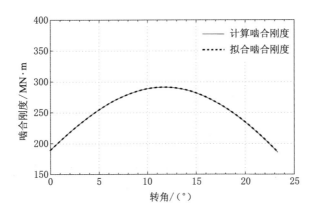

图 5-5　计算的单齿刚度和拟合的单齿刚度对比

该对齿的双齿啮合过程;该对齿轮的单齿啮合过程;该对齿轮和后一对齿轮的双齿啮合过程。基于前文,设前一对齿、该对齿、后一对齿的编号分别为 $j-1$、j、$j+1$,其刚度函数分别为 $k^{(j-1)}(t)$、$k^{(j)}(t)$、$k^{(j+1)}(t)$,那么,综合啮合刚度可以表示为:

$$k'(t)=\begin{cases} k^{(j-1)}(t)+k^{(j)}(t) & nT_z \leqslant t < nT_z+(T_h-T_z) \\ k^{(j)}(t) & nT_z+(T_h-T_z) \leqslant t < nT_z+T_z \\ k^{(j)}(t)+k^{(j+1)}(t) & nT_z+T_z \leqslant t < nT_z+T_h \end{cases}$$
$$n=0,1,2,\cdots \tag{5-24}$$

根据前一对齿和后一对齿的啮合时间,上述公式可变为:

$$k'(t)=\begin{cases} k^{(j)}(t-(n-1)T_z)+k^{(j)}(t) & nT_z \leqslant t < nT_z+(T_h-T_z) \\ k^{(j)}(t) & nT_z+(T_h-T_z) \leqslant t < nT_z+T_z \\ k^{(j)}(t)+k^{(j)}(t-(n+1)T_z) & nT_z+T_z \leqslant t < nT_z+T_h \end{cases}$$
$$n=0,1,2,\cdots \tag{5-25}$$

将该对轮齿的单齿刚度拟合函数代入 $k^{(j)}(t)$,即可得到综合啮合刚度 $k'(t)$ 的函数表达式。利用式(5-25)模拟的综合啮合刚度曲线与原计算得到的综合刚度曲线对比如图 5-6 所示。从中可以看出,模拟的综合刚度曲线与原曲线非常吻合。

5.3.3　齿轮副整体误差的计算

为了研究方便,本书中选取主动轮的齿廓偏差、齿距偏差和几何偏差变动要素 $d_{y,23}^{(1)}$、$d_{z,23}^{(1)}$ 为例来开展传动误差计算和动力学分析。

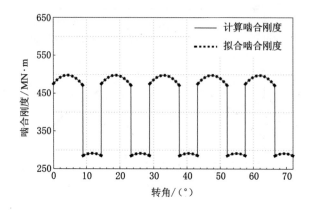

图 5-6　计算的综合啮合刚度和拟合的综合啮合刚度对比

小齿轮齿向修形参数和前面相同。齿廓偏差数据为：$f_{fa}=0.011$、$f_{Ha}=0.006$。其齿距偏差曲线如图 5-7 所示。变动要素 $d_{y,23}^{(1)}=0.005$、$d_{z,23}^{(1)}=0.005$。

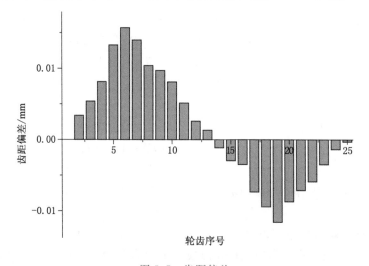

图 5-7　齿距偏差

根据前面建立的数学模型，该齿轮的齿廓偏差二维和三维齿面数学模型如图 5-8 所示。

基于第 4 章的 TCA 求解程序，可以分别得到上述单项误差形成的传动误差和齿轮副整体误差曲线，如图 5-9～图 5-11 所示。

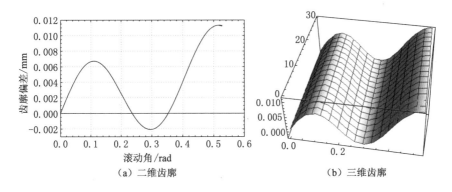

（a）二维齿廓　　　　　（b）三维齿廓

图 5-8　模拟的齿廓偏差

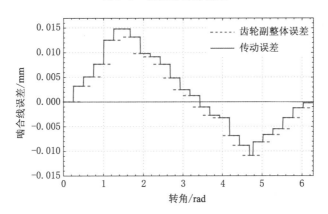

图 5-9　齿廓偏差形成传动误差与齿轮副整体误差的对比

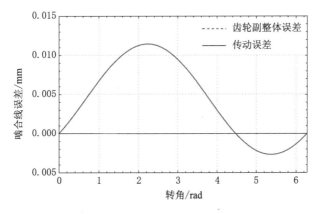

图 5-10　齿距偏差形成传动误差与齿轮副整体误差的对比

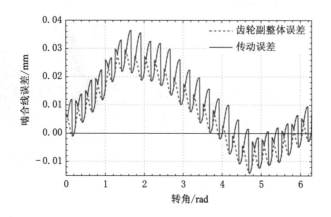

图 5-11　几何偏差形成传动误差与齿轮副整体误差的对比

图 5-12 所示为综合考虑三类偏差得到的传动误差和齿轮副整体误差曲线。从中可以看出,一个周期的传动误差和齿轮副整体误差是单个偏差引起的曲线的综合结果。传动误差曲线较为复杂,如果用傅里叶函数进行拟合,将会形成较大误差。为了保证后面动力学分析的准确性,本书将把各个啮合周期的传动误差数据进行存储,在动力学计算中采用插值法计算该时刻的传动误差数值,如涉及求导则采用差分法进行计算。采用这种方法虽然会降低动力学模型求解速度,但是能够得到准确的计算结果。

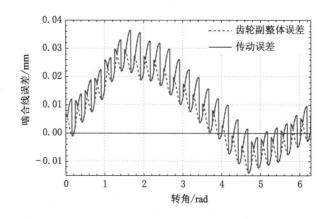

图 5-12　多种偏差形成的传动误差与齿轮副整体误差

5.3.4   动力学模型仿真结果的对比

分别将刚度计算结果和传动误差计算结果代入两个动力学模型(在后文中,本书采用的基于齿轮副整体误差的动力学模型称为新模型,基于传动误差的动力学模型称为传统模型)中,通过计算求解可以得到齿轮系统的动态响应。下面将从转速和外载荷两个方面对比分析基于两种动力学模型的动态响应。

（1）不同转速下的动态响应对比

设外载荷为 1 kN·m,图 5-13～图 5-16 所示为转速分别为 250 r/min、500 r/min、1 000 r/min、1 500 r/min 情况下基于两种动力学模型的动态传动误差和幅频特性的对比。

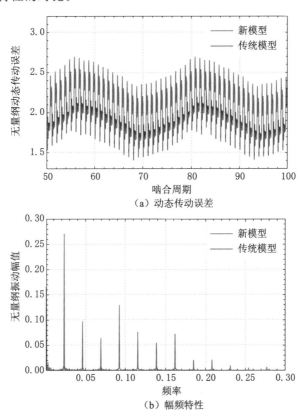

（a）动态传动误差

（b）幅频特性

图 5-13   转速为 250 r/min 时的动态响应对比

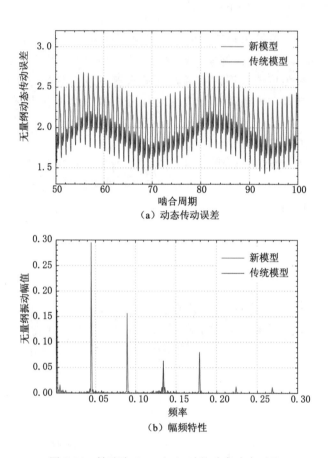

（a）动态传动误差

（b）幅频特性

图 5-14　转速为 500 r/min 时的动态响应对比

　　由图 5-13～图 5-16 可知，动态传动误差受到传动误差的影响，以齿轮转一圈为大周期进行波动。在以往的动力学模型中，往往只考虑了一个啮合周期的误差状况，因而啮合过程中每一个啮合周期的动态响应均相同，而实际上，由于齿距偏差、几何偏差等的存在，每一个啮合周期的动态响应并不相同，此时应该以齿轮旋转的圈数为基数来分析齿轮系统的动态响应。当同时考虑主动轮和从动轮的偏差时，分析动态响应的啮合周期基数为 $z_1 \times z_2$（其中，z_1 为主动轮齿数，z_2 为从动轮齿数）。本书为了研究的方便，仅考虑了主动轮的偏差，此时的啮合周期基数为 z_1。同时选取了第 51 到 100 个啮

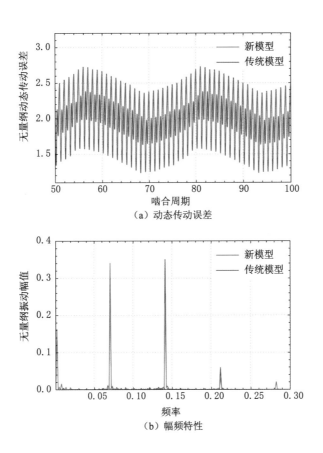

（a）动态传动误差

（b）幅频特性

图 5-15　转速为 1 000 r/min 时的动态响应对比

合周期进行分析，刚好为齿轮转动了 2 圈。从中可以看出，图 5-13～图 5-16 所示的动态响应曲线与图 5-12 所示的齿轮副整体误差的变动趋势相对应，只是幅度发生了变化。这种趋势的不变性证明了动力学模型求解的正确性。

由图 5-13 可知，当速度较低时，在刚度激励影响下单双交替过程特征较为明显，两种模型均存在一定程度的振动。而相对于传统模型而言，新模型在单双齿交替时的振动更小，这主要是由于新模型在双齿啮合区充分考虑了所有参与啮合轮齿的传动误差和弹性变形等实际情况；而传统模型则是将两对

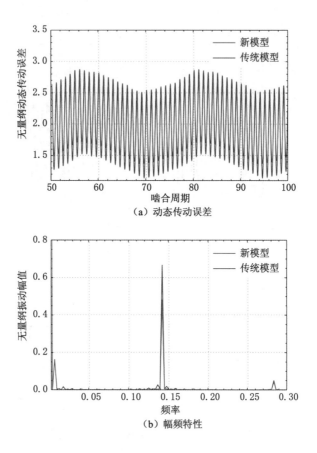

图 5-16 转速为 1 500 r/min 时的动态响应对比

齿看成一对齿进行处理,忽略了单个齿的动力学行为,尤其是单双齿交替阶段由于将两个齿的刚度和误差看成是一对齿的综合刚度和传动误差,会导致计算结果与实际有差距。可见,相对于传统模型,新模型可以更加准确地描述实际啮合情况。

通过分析图 5-13～图 5-16 图可知,随着转速的不断提高,误差的影响逐渐增大,由于两种模型处理误差的方法不同,因此两种模型动态响应之间的差异也不断扩大。在转速为 250 r/min 时,新模型动态传动误差的最大值为 2.7,最小值为 1.5,幅值变动量为 1.2;而传统模型动态传动误差的最大值为 2.65,最小值为 1.4,幅值变动量为 1.25,两者相差较小。当转速提高为 1 500

r/min 时,新模型的最大值为 2.7,最小值为 1.35,幅值变动量为 1.35;而传统模型的最大值为 2.8,最小值为 1.15,幅值变动量为 1.65,两者存在明显的差距。可见,在转速较高时,误差激励的作用逐渐凸显,误差处理的方法对动态特征有明显的影响。

(2)不同载荷下的动态响应对比

设转速为 500 r/min,图 5-17~图 5-19 所示为外载荷为 0.1 kN・m、0.5 kN・m、1.5 kN・m 情况下基于两种动力学模型的动态传动误差和幅频特性对比。

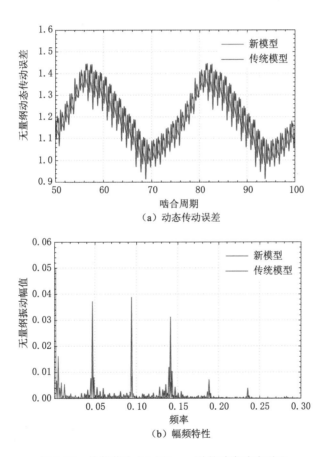

图 5-17　外载荷为 0.1 kN・m 时的动态响应对比

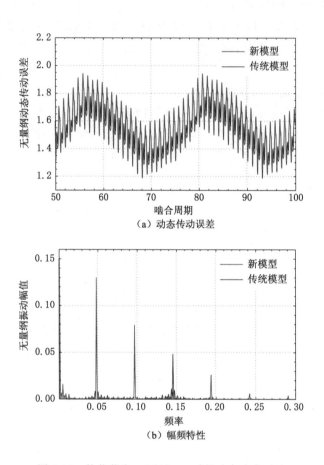

（a）动态传动误差

（b）幅频特性

图 5-18　外载荷为 0.5 kN·m 时的动态响应对比

　　由图 5-17 可以看出,当载荷很小时,刚度激励引起的动态响应较小,此时主要是由传动误差激励引起的响应。而由于两种模型处理误差方式的不同,导致两者的动态响应有很大差异。由图 5-18、图 5-19 可以看出,随着外载荷的不断增大,刚度激励引起的动态响应不断加剧,两种模型的动态响应差距变小。

　　综上所述,由于误差处理方式的不同会导致两种模型的动态响应存在一定差别,尤其是在轻载或者高速等误差激励作为主要激励的状态下,这种差别会更加明显,因此,为了准确地开展齿轮动力学研究,需要充分考虑实际啮合状态的基础上构建合理的动力学模型。

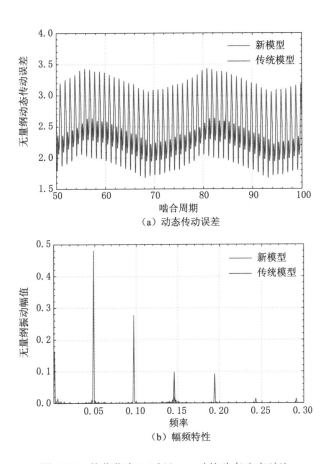

图 5-19　外载荷为 1.5 kN·m 时的动态响应对比

5.4　本章小结

　　本章阐述了传统动力学模型的构建方法,分析了建模过程中存在的不足。针对这些不足,建立了一种包括齿轮副整体误差、时变啮合刚度、侧隙的新的非线性齿轮动力学模型。为了开展传动动力学模型和基于齿轮副整体误差的动力学模型的对比分析,采用一种精确的时变啮合刚度拟合方法对时变刚度进行了啮合,利用其拟合结果以及传动误差模拟结果构建了传统动力学模型。

通过一个实例对比分析了不同条件下传统动力学模型和基于齿轮副整体误差的动力学模型的动态特性,结果表明:在轻载或者高速下,两种动力学模型的动态响应有较大区别,基于齿轮副整体误差的动力学模型能够更加准确地描述啮合过程中的轮齿动力学行为。

第6章 计及精度参数的大重合度齿轮动力学模型构建及分析

根据第5章的分析,相对于传统齿轮动力学模型,基于齿轮副整体误差的齿轮动力学模型能更加准确地描述齿轮的动态啮合关系。因此,本章将采用基于齿轮副整体误差的动力学建模方法来建立大重合度齿轮的动力学模型,并探讨精度参数对大重合度齿轮系统动力学特性的影响,从而为大重合度齿轮的动力学研究提供参考。

6.1 基于整体误差的大重合度齿轮动力学模型构建

相对于普通重合度齿轮,大重合度齿轮的啮合过程更为复杂。一对轮齿的啮合过程包括"三齿啮合、双齿啮合、三齿啮合、双齿啮合、三齿啮合"5个过程,这5个过程中总共涉及5对轮齿的啮合。如图 6-1 所示,一对大重合度轮齿完整的啮合过为:开始进入啮合→三齿啮合→双齿啮合→三齿啮合→双齿啮合→三齿啮合。

与前文相同,设 $k^{(j)}(t)$ 和 $e^{(j)}(t)$ 分别为齿轮副任意的第 j 对轮齿的单对齿啮合刚度和齿轮副整体误差。那么,参与实际啮合过程为第 $j-2 \, , j-1 \, , j \, , j+1 \, , j+2$ 对轮齿。大重合度齿轮的单自由度动力学模型可以简化为如图 6-2 所示。

假设 5 对齿同时作用,可以建立如下动力学模型:

$I_1 \ddot{\theta}_1 + cr_{b1}(\dot{\theta}_1 r_{b1} - \dot{\theta}_2 r_{b2} - \dot{e}^{(j-2)}(t)) + cr_{b1}(\dot{\theta}_1 r_{b1} - \dot{\theta}_2 r_{b2} - \dot{e}^{(j-1)}(t)) + cr_{b1}(\dot{\theta}_1 r_{b1} - \dot{\theta}_2 r_{b2} - \dot{e}^{(j)}(t)) + cr_{b1}(\dot{\theta}_1 r_{b1} - \dot{\theta}_2 r_{b2} - \dot{e}^{(j+1)}(t)) + cr_{b1}(\dot{\theta}_1 r_{b1} - \dot{\theta}_2 r_{b2} - \dot{e}^{(j+2)}(t)) + k^{(j-2)}(t)r_{b1}f^{(j-2)}(\theta_1 r_{b1} - \theta_2 r_{b2} - e^{(j-2)}(t)) + k^{(j-1)}(t)r_{b1}f^{(j-1)}(\theta_1 r_{b1} - \theta_2 r_{b2} - e^{(j-1)}(t)) + k^{(j)}(t)r_{b1}f^{(j)}(\theta_1 r_{b1} - \theta_2 r_{b2} - e^{(j)}(t)) + k^{(j+1)}(t)r_{b1}f^{(j+1)}(\theta_1 r_{b1} - $

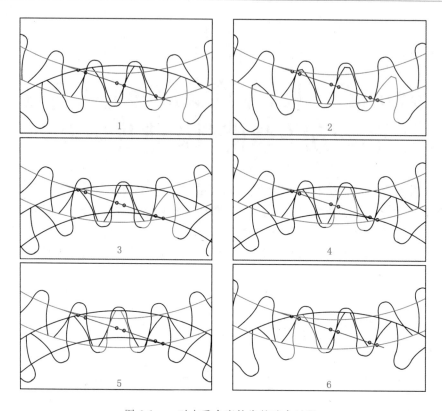

图 6-1　一对大重合度轮齿的啮合过程

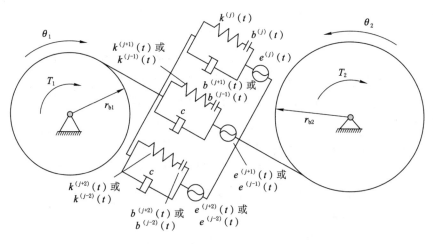

图 6-2　基于齿轮副整体误差的大重合度齿轮动力学模型

$$\theta_2 r_{b2} - e^{(j+1)}(t)) + k^{(j+2)}(t) r_{b1} f^{(j+2)}(\theta_1 r_{b1} - \theta_2 r_{b2} - e^{(j+2)}(t)) = T_1$$

$$(6\text{-}1a)$$

$$I_2 \ddot{\theta}_2 - cr_{b2}(\dot{\theta}_1 r_{b1} - \dot{\theta}_2 r_{b2} - \dot{e}^{(j-2)}(t)) - cr_{b2}(\dot{\theta}_1 r_{b1} - \dot{\theta}_2 r_{b2} -$$
$$\dot{e}^{(j-1)}(t)) - cr_{b2}(\dot{\theta}_1 r_{b1} - \dot{\theta}_2 r_{b2} - \dot{e}^{(j)}(t)) - cr_{b2}(\dot{\theta}_1 r_{b1} - \dot{\theta}_2 r_{b2} -$$
$$\dot{e}^{(j+1)}(t)) - cr_{b2}(\dot{\theta}_1 r_{b1} - \dot{\theta}_2 r_{b2} - \dot{e}^{(j+2)}(t)) - k^{(j-2)}(t) r_{b2} f^{(j-2)}$$
$$(\theta_1 r_{b1} - \theta_2 r_{b2} - e^{(j-2)}(t)) - k^{(j-1)}(t) r_{b2} f^{(j-1)}(\theta_1 r_{b1} - \theta_2 r_{b2} -$$
$$e^{(j-1)}(t)) - k^{(j)}(t) r_{b2} f^{(j)}(\theta_1 r_{b1} - \theta_2 r_{b2} - e^{(j)}(t)) - k^{(j+1)}(t)$$
$$r_{b2} f^{(j+1)}(\theta_1 r_{b1} - \theta_2 r_{b2} - e^{(j+1)}(t)) - k^{(j+2)}(t) r_{b2} f^{(j+2)}(\theta_1 r_{b1} -$$
$$\theta_2 r_{b2} - e^{(j+2)}(t)) = -T_2$$

$$(6\text{-}1b)$$

令动态传动误差 $x(t) = \theta_1 r_{b1} - \theta_2 r_{b2}$，进行整理：式（6-1a）$\times I_2 r_{b1} -$ 式（6-1b）$\times I_1 r_{b2}$，可以得到：

$$m_e \ddot{x} + 5c\dot{x} + k^{(j-2)}(t) f^{(j-2)}(x - e^{(j-2)}(t)) + k^{(j-1)}(t) f^{(j-1)}(x - e^{(j-1)}(t)) +$$
$$k^{(j)}(t) f^{(j)}(x - e^{(j)}(t)) + k^{(j+1)}(t) f^{(j+1)}(x - e^{(j+1)}(t)) + k^{(j+2)}(t) f^{(j+2)}(x -$$
$$e^{(j+2)}(t)) - c(\dot{e}^{(j-2)}(t) + \dot{e}^{(j-1)}(t) + \dot{e}^{(j)}(t) + \dot{e}^{(j+1)}(t) + \dot{e}^{(j+2)}(t)) = F_m$$

$$(6\text{-}2)$$

通过考虑每对轮齿的实际啮合时间，对上式进行整理，可得到该模型的动力学方程为：

$$m_e \ddot{x} + \rho(t) c\dot{x} + W_m(t) = F_m \qquad (6\text{-}3)$$

式中，$\rho(t)$ 为啮合对数。对于大重合度齿轮而言，其啮合过程为"三齿啮合、双齿啮合、三齿啮合、双齿啮合、三齿啮合"5 个过程，因此，$\rho(t)$ 的表达式可以表示为：

$$\rho(t) = \begin{cases} 3 & nT_z \leqslant t < nT_z + (T_h - 2T_z) \\ 2 & nT_z + (T_h - 2T_z) \leqslant t < nT_z + T_z \\ 3 & nT_z + T_z \leqslant t < nT_z + T_h - T_z \\ 2 & nT_z + T_h - T_z \leqslant t < nT_z + 2T_z \\ 3 & nT_z + 2T_z \leqslant t < nT_z + T_h \end{cases} \qquad n = 0,1,2,\cdots \quad (6\text{-}4)$$

式中，T_z 为系统啮合周期，与齿轮 1 的齿数 z_1 和转速 n_1 有关，即：$T_z = 60/z_1 n_1$；T_h 为一个完整齿的啮合时间。

$W_m(t)$ 为等效内部激励，其表达式为：

$$W_{\mathrm{m}}(t) = \begin{cases}
k^{(j-2)}(t)f^{(j-2)}(x-e^{(j-2)}(t))+ \\
k^{(j-1)}(t)f^{(j-1)}(x-e^{(j-1)}(t))+ \\
k^{(j)}(t)f^{(j)}(x-e^{(j)}(t)) & nT_z \leqslant t < nT_z+(T_{\mathrm{h}}-2T_z) \\
k^{(j-1)}(t)f^{(j-1)}(x-e^{(j-1)}(t))+ \\
k^{(j)}(t)f^{(j)}(x-e^{(j)}(t)) & nT_z+(T_{\mathrm{h}}-2T_z) \leqslant t < nT_z+T_z \\
k^{(j-1)}(t)f^{(j-1)}(x-e^{(j-1)}(t))+ \\
k^{(j)}(t)f^{(j)}(x-e^{(j)}(t))+ \\
k^{(j+1)}(t)f^{(j+1)}(x-e^{(j+1)}(t)) & nT_z+T_z \leqslant t < nT_z+T_{\mathrm{h}}-T_z \\
k^{(j)}(t)f^{(j)}(x-e^{(j)}(t))+ \\
k^{(j+1)}(t)f^{(j+1)}(x-e^{(j+1)}(t)) & nT_z+T_{\mathrm{h}}-T_z \leqslant t < nT_z+2T_z \\
k^{(j)}(t)f^{(j)}(x-e^{(j)}(t))+ \\
k^{(j+1)}(t)f^{(j+1)}(x-e^{(j+1)}(t))+ \\
k^{(j+2)}(t)f^{(j+2)}(x-e^{(j+2)}(t)) & nT_z+2T_z \leqslant t < nT_z+T_{\mathrm{h}}
\end{cases}$$

$$n = 0,1,2,\cdots \qquad (6\text{-}5)$$

式中，$f^{(j-2)}(x-e^{(j-2)}(t))$、$f^{(j-1)}(x-e^{(j-1)}(t))$、$f^{(j)}(x-e^{(j)}(t))$、$f^{(j+1)}(x-e^{(j+1)}(t))$、$f^{(j+2)}(x-e^{(j+2)}(t))$分别为第 $j-2$、$j-1$、j、$j+1$、$j+2$ 对轮齿的侧隙函数。为了节约篇幅，在这里仅写出 $f^{(j)}(x-e^{(j)}(t))$ 的表达式：

$$f^{(j)}(x-e^{(j)}(t)) = \begin{cases}
x-e^{(j)}(t)-b & x > e^{(j)}(t)+b \\
0 & e^{(j)}(t)-b \leqslant x \leqslant e^{(j)}(t)+b \\
x-e^{(j)}(t)+b & x < e^{(j)}(t)-b
\end{cases}$$

$$(6\text{-}6)$$

对式(6-3)进行无量纲化，得到的动力学方程为：

$$\ddot{q}(\tau) + 2\zeta\overline{\rho}(\tau)\dot{q}(\tau) + \frac{\overline{W_{\mathrm{m}}(\tau)}}{k_{\mathrm{m}}} = \frac{F_{\mathrm{m}}}{k_{\mathrm{m}}l} \qquad (6\text{-}7)$$

其中：

$$\overline{\rho}(\tau) = \begin{cases}
3 & w_{\mathrm{n}}nT_z \leqslant \tau < w_{\mathrm{n}}[nT_z+(T_{\mathrm{h}}-2T_z)] \\
2 & w_{\mathrm{n}}[nT_z+(T_{\mathrm{h}}-2T_z)] \leqslant \tau < w_{\mathrm{n}}(nT_z+T_z) \\
3 & w_{\mathrm{n}}(nT_z+T_z) \leqslant \tau < w_{\mathrm{n}}(nT_z+T_{\mathrm{h}}-T_z) \\
2 & w_{\mathrm{n}}(nT_z+T_{\mathrm{h}}-T_z) \leqslant \tau < w_{\mathrm{n}}(nT_z+2T_z) \\
3 & w_{\mathrm{n}}(nT_z+2T_z) \leqslant \tau < w_{\mathrm{n}}(nT_z+T_{\mathrm{h}})
\end{cases} \qquad n = 0,1,2,\cdots$$

$$(6\text{-}8)$$

$$
\overline{W}_{\mathrm{m}}(\tau)=\begin{cases}
\begin{aligned}
&\overline{k}^{(j-2)}(\tau)\overline{f}^{(j-2)}(\tau)+\overline{k}^{(j-1)}(\tau)\overline{f}^{(j-1)}(\tau)+\\
&\overline{k}^{(j)}(\tau)\overline{f}^{(j)}(\tau)\quad w_{\mathrm{n}}nT_{z}\leqslant\tau<w_{\mathrm{n}}[nT_{z}+(T_{\mathrm{h}}-2T_{z})]
\end{aligned}\\[4pt]
\begin{aligned}
&\overline{k}^{(j-1)}(\tau)\overline{f}^{(j-1)}(\tau)+\\
&\overline{k}^{(j)}(t)\overline{f}^{(j)}(\tau)\quad w_{\mathrm{n}}[nT_{z}+(T_{\mathrm{h}}-2T_{z})]\leqslant\tau<w_{\mathrm{n}}(nT_{z}+T_{z})
\end{aligned}\\[4pt]
\begin{aligned}
&\overline{k}^{(j-1)}(\tau)\overline{f}^{(j-1)}(\tau)+\overline{k}^{(j)}(\tau)\overline{f}^{(j)}(\tau)+\\
&\overline{k}^{(j+1)}(\tau)\overline{f}^{(j+1)}(\tau)\quad w_{\mathrm{n}}(nT_{z}+T_{z})\leqslant\tau<w_{\mathrm{n}}(nT_{z}+T_{\mathrm{h}}-T_{z})
\end{aligned}\\[4pt]
\begin{aligned}
&\overline{k}^{(j)}(\tau)\overline{f}^{(j)}(\tau)+\\
&\overline{k}^{(j+1)}(\tau)\overline{f}^{(j+1)}(\tau)\quad w_{\mathrm{n}}(nT_{z}+T_{\mathrm{h}}-T_{z})\leqslant\tau<w_{\mathrm{n}}(nT_{z}+2T_{z})
\end{aligned}\\[4pt]
\begin{aligned}
&\overline{k}^{(j)}(\tau)\overline{f}^{(j)}(\tau)+\overline{k}^{(j+1)}(\tau)\overline{f}^{(j+1)}(\tau)+\\
&\overline{k}^{(j+2)}(\tau)\overline{f}^{(j+2)}(\tau)\quad w_{\mathrm{n}}(nT_{z}+2T_{z})\leqslant\tau<w_{\mathrm{n}}(nT_{z}+T_{\mathrm{h}})
\end{aligned}
\end{cases}
$$

$$
n=0,1,2,\cdots
$$

$$(6\text{-}9)$$

式中，$\overline{f}^{(j)}(\tau)$ 为无量纲化后齿轮副第 j 对轮齿的侧隙函数，其表达式为：

$$
\overline{f}^{(j)}(\tau)=\begin{cases}
q-\dfrac{\overline{e}^{(j)}(\tau)}{l}-\dfrac{b}{l} & q>\dfrac{\overline{e}^{(j)}(\tau)}{l}+\dfrac{b}{l}\\[10pt]
0 & \dfrac{\overline{e}^{(j)}(\tau)}{l}-\dfrac{b}{l}\leqslant q\leqslant\dfrac{\overline{e}^{(j)}(\tau)}{l}+\dfrac{b}{l}\\[10pt]
q-\dfrac{\overline{e}^{(j)}(\tau)}{l}+\dfrac{b}{l} & q<\dfrac{\overline{e}^{(j)}(\tau)}{l}-\dfrac{b}{l}
\end{cases}
$$

$$(6\text{-}10)$$

6.2　不同精度参数对大重合度齿轮动力学特性影响研究

6.2.1　齿廓偏差的影响

为了研究齿廓偏差对大重合度齿轮动力学特性的影响，以第 4 章的加工精度等级分别为 6、7、8 级的大重合度齿轮为研究对象。下面将分别分析齿廓形状偏差和齿廓倾斜偏差对大重合度齿轮动力学特性的影响。

（1）齿廓形状偏差的影响

前文已经分析了不同等级的齿廓形状偏差对齿轮副整体误差曲线的影响，如图 4-24 所示。本书将基于第 4 章的齿轮副整体误差曲线和第 3 章计算的大重合度齿轮的刚度值开展大重合度齿轮的动态特性研究。

设 $T = 500 \text{ N} \cdot \text{m}$，将上述生成的齿轮副整体误差曲线和刚度曲线代入大重合度齿轮动力学方程中，分别求解当无量纲转速 Ω 分别为 0.3、0.6、0.9、1.5 时的动力学特性，其动态响应曲线如图 6-3 所示。

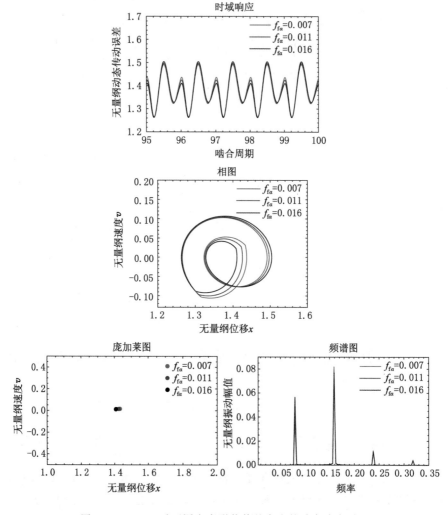

图 6-3　$\Omega = 0.3$ 时不同齿廓形状偏差产生的动态响应对比

由图 6-3 可知,在 $\Omega=0.3$ 时,二次谐波的幅值比一次谐波的幅值大,而随着齿廓形状偏差的增加,一次谐波幅值增加,二次谐波幅值降低,但增幅和降幅都比较小。这主要是因为此时速度较低,刚度激励是主要振动因素,尽管如此,齿廓形状偏差还是会对动态误差的形式和大小产生一定的影响。实际上,当齿廓形状偏差为 0 时,一次谐波在频率轴上的 0.05 左右,但是当存在齿廓形状偏差时,一次谐波的频率变到了 0.08 左右。由图 6-3~图 6-5 可知,随着转速的增加,一次谐波幅值逐渐增加,二次谐波的幅值逐渐减小,最后达到共振频率之后一次谐波幅值逐渐降低(图 6-6)。在高速时频谱图中主要是以一次谐波的形式呈现,而齿廓形状偏差的影响随着转速的增加而不断增大。可见,随着转速的增加,齿廓形状偏差引起的响应在不断加剧,刚度激励引起的响应则在减少。

(2) 齿廓倾斜偏差的影响

齿廓倾斜偏差形成的齿轮副整体误差曲线如图 4-26 所示。本书将基于该齿轮副整体误差曲线分析齿廓倾斜偏差对大重合度齿轮动态特性的影响。

将上述误差代入大重合度齿轮动力学方程中,分别求解当无量纲转速 Ω 分别为 0.3、0.6、0.9、1.5 时的动力学特性,其动态响应曲线如图 6-7~图 6-10 所示。

由图 6-7 可知,在 $\Omega=0.3$ 时,系统的频率没有发生变化,而随着齿廓倾斜偏差的增加,一次谐波的幅值有一定程度的增加,其他谐波幅值基本不变。可见,齿廓倾斜偏差不会像齿廓形状偏差一样影响动态传动误差的频率成分,只会影响一次谐波的幅值。由图 6-7~图 6-10 可知,随着转速的增加,一次谐波幅值逐渐增加,二次谐波的幅值也会逐渐减小,共振频率之后一次谐波幅值逐渐降低(图 6-10),在高速时振动以一次谐波为主。因此,随着转速的增加,齿廓倾斜偏差引起的响应会不断增加,而刚度激励引起的响应则逐渐减少。另外,从庞加莱图可以看出,在相同转速下不同等级的齿廓倾斜偏差对应点的间距要比齿廓形状偏差的大,可见,齿廓倾斜偏差对振动幅值的影响要比齿廓形状偏差的影响要略微大一些。

6.2.2 齿距偏差的影响

齿距偏差形成的齿轮副整体误差曲线如图 4-29 所示。本书将基于该齿轮副整体误差曲线分析齿距偏差对大重合度齿轮动态特性的影响。

同样,将上述误差代入大重合度齿轮动力学方程中,分别求解当无量纲转速 Ω 分别为 0.3、0.6、0.9、1.5 时的动力学特性。由于齿距偏差是以齿轮转一周为一个周期,因此,为了完整地分析齿距偏差对齿轮动力学特性的影响,选取了 50 个啮合周期(即旋转 2 周)来绘制动态响应曲线,如图 6-11~图 6-14 所示。

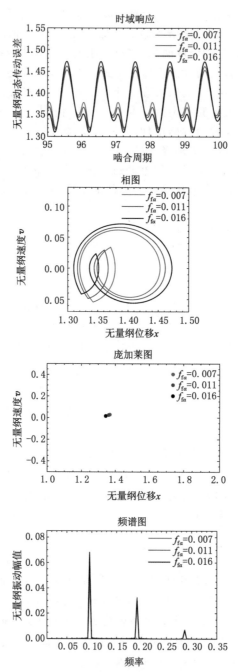

图 6-4　$\Omega = 0.6$ 时不同齿廓形状偏差产生的动态响应对比

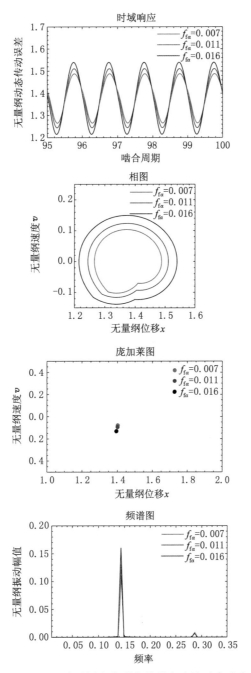

图 6-5　$\Omega=0.9$ 时不同齿廓形状偏差产生的动态响应对比

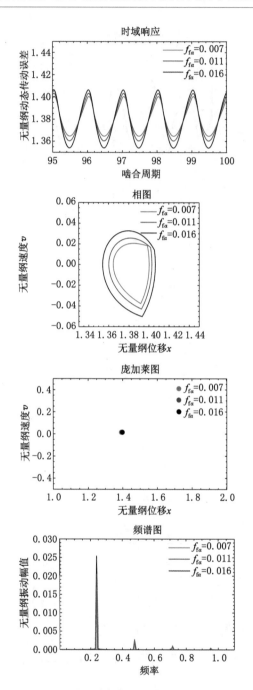

图 6-6 $\Omega = 1.5$ 时不同齿廓形状偏差产生的动态响应对比

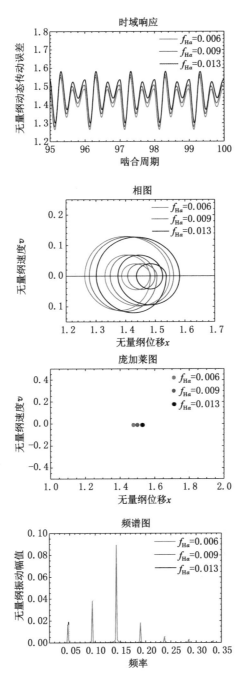

图 6-7　$\Omega=0.3$ 时不同齿廓倾斜偏差产生的动态响应对比

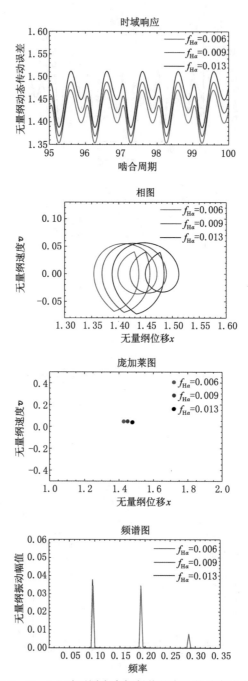

图 6-8　$\Omega=0.6$ 时不同齿廓倾斜偏差产生的动态响应对比

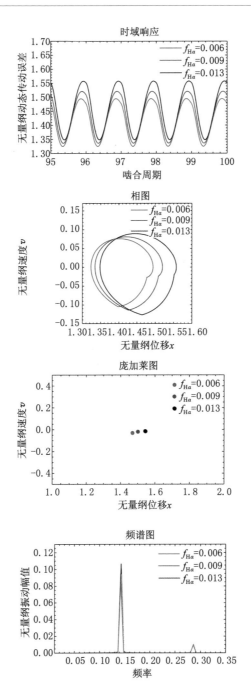

图 6-9 $\Omega = 0.9$ 时不同齿廓倾斜偏差产生的动态响应对比

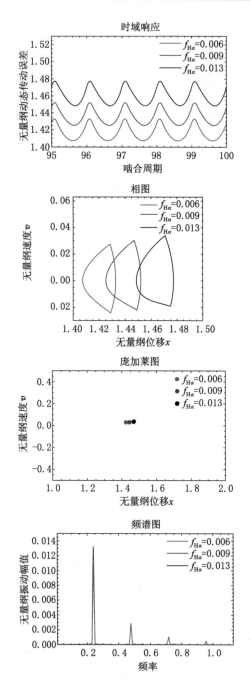

图 6-10 $\Omega = 1.5$ 时不同齿廓倾斜偏差产生的动态响应对比

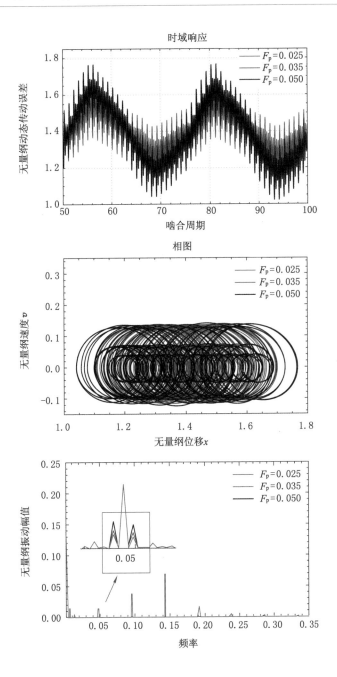

图 6-11 $\varOmega = 0.3$ 时不同齿距偏差产生的动态响应对比

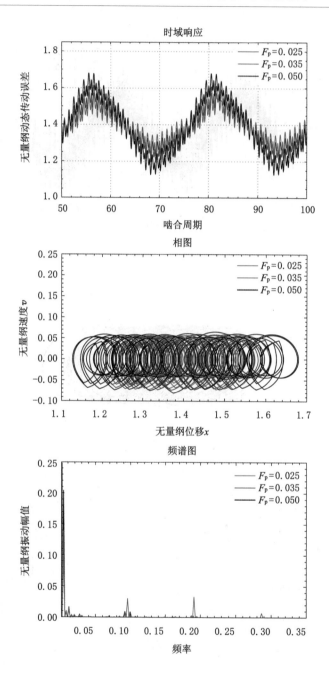

图 6-12　$\Omega=0.6$ 时不同齿距偏差产生的动态响应对比

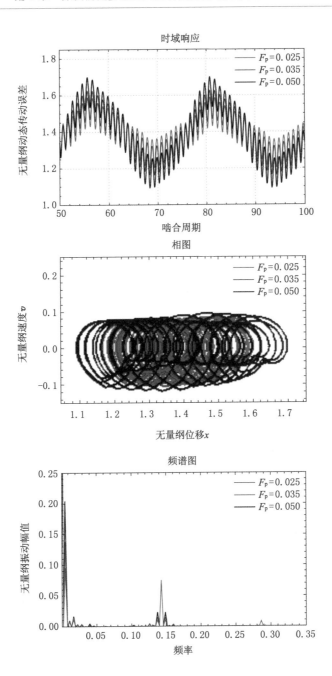

图 6-13 $\Omega = 0.9$ 时不同齿距偏差产生的动态响应对比

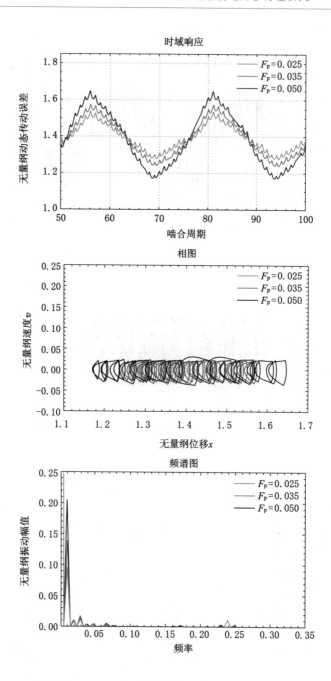

图 6-14　$\Omega = 1.5$ 时不同齿距偏差产生的动态响应对比

由图 6-11～图 6-14 可知,齿距偏差主要在靠近原点附近产生了低频谐波,对其他谐波的幅值没有影响,而且随着转速的增加,低频谐波的幅值基本没有变化,如 $F_p=0.05$ 的幅值一直在 0.2 左右。随着齿距偏差的增加,低频幅值不断增大。另外,齿距偏差会影响啮合频率的边频,如图 6-11 中频谱图所示,而且随着齿距偏差的逐渐增大,边频幅值也会随之增大。由图 6-11～图 6-13 可知,边频幅值同样会随着转速的增加而增大,最后达到共振频率之后逐渐降低(图 6-14)。可见,齿距偏差主要产生低频振动,不影响啮合周期内的传动性能,但在轮齿交替时会造成振动冲击,这与前文分析齿距偏差对齿轮副整体误差的影响时的结论是一致的。

6.2.3　几何偏差的影响

根据第 4 章的分析,大重合度直齿轮的几何偏差包括主要齿轮齿圈与齿轮孔之间的偏差、齿轮孔与轴线之间的偏差以及轴的安装偏差,而影响大重合度直齿轮传动误差的主要有齿轮齿圈与齿轮孔之间的偏差以及齿轮孔与轴线之间的偏差。在这里仍以表征齿轮齿圈与齿轮孔之间偏差的变动要素 $\theta_{y,23}$、$\theta_{z,23}$、$d_{y,23}$、$d_{z,23}$ 为例分析几何偏差对动力学特性的影响。

（1）$\theta_{y,23}$ 对传动误差的影响

$\theta_{y,23}$ 形成的齿轮副整体误差曲线如图 4-30 所示。将上述误差代入大重合度齿轮动力学方程中,求解当无量纲转速 Ω 分别为 0.3、0.6、0.9、1.5 时的动力学特性。由于几何偏差也是以齿轮转一周为一个周期,因此模拟时选用的周期仍然是 50 个啮合周期,其动态响应曲线如图 6-15～图 6-18 所示。

由图 6-15～图 6-18 可知,$\theta_{y,23}$ 是以旋转圈数为周期,因此和齿距偏差一样,在原点附近也产生了低频谐波,但与之不同的是,$\theta_{y,23}$ 会影响其他谐波的幅值,这主要是因为 $\theta_{y,23}$ 的齿轮副整体误差曲线(图 4-26)在单个啮合周期会随着转角变化,而齿距偏差的齿轮副整体误差曲线(图 4-25)在单个啮合周期没有变化。由于 $\theta_{y,23}$ 的齿轮副整体误差在不同轮齿间存在跳跃,因此也会产生边频。低频谐波的幅值、边频幅值以及其他谐波的幅值都会随着 $\theta_{y,23}$ 的增加而增大。低频谐波的幅值基本不受转速影响,而边频幅值会随着转速的增加而增加,到达系统共振转速之后又逐渐减小。

（2）$\theta_{z,23}$ 对传动误差的影响

$\theta_{z,23}$ 形成的齿轮副整体误差曲线如图 4-31 所示。将上述误差代入大重合度齿轮动力学方程中,求解当无量纲转速 Ω 分别为 0.3、0.6、0.9、1.5 时的动力学特性,其动态响应曲线如图 6-19～图 6-22 所示。

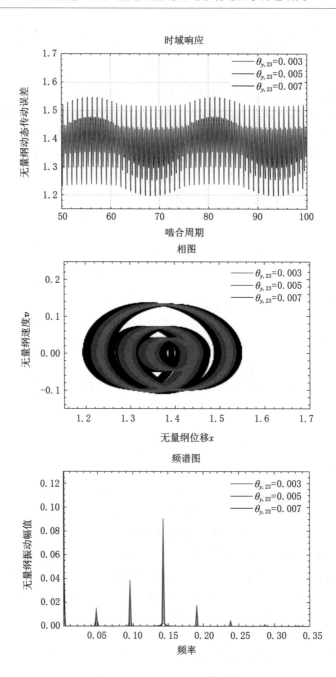

图 6-15 $\Omega = 0.3$ 时不同 $\theta_{y,23}$ 产生的动态响应对比

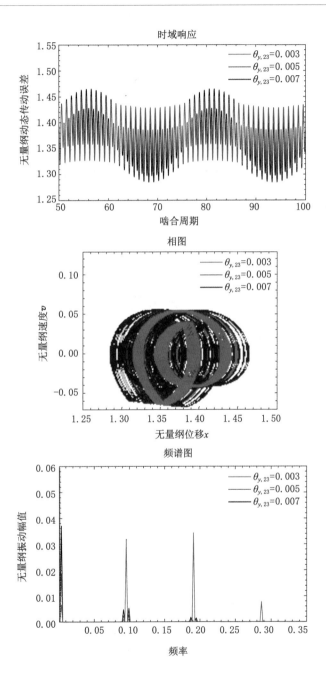

图 6-16　$\Omega = 0.6$ 时不同 $\theta_{y,23}$ 产生的动态响应对比

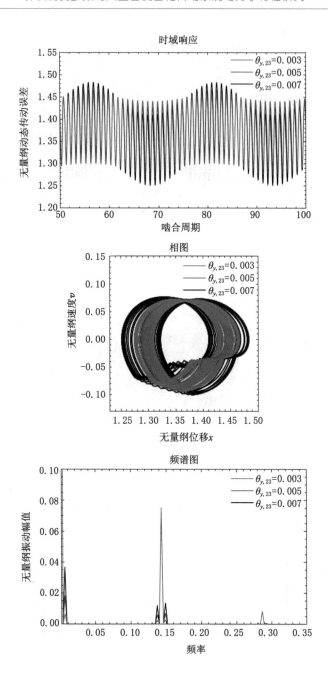

图 6-17 $\Omega = 0.9$ 时不同 $\theta_{y,23}$ 产生的动态响应对比

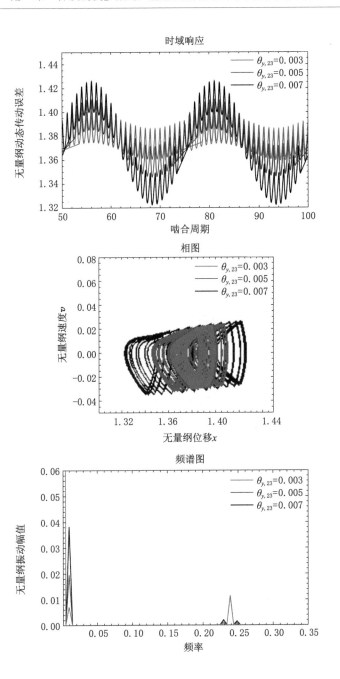

图 6-18 $\Omega = 1.5$ 时不同 $\theta_{y,23}$ 产生的动态响应对比

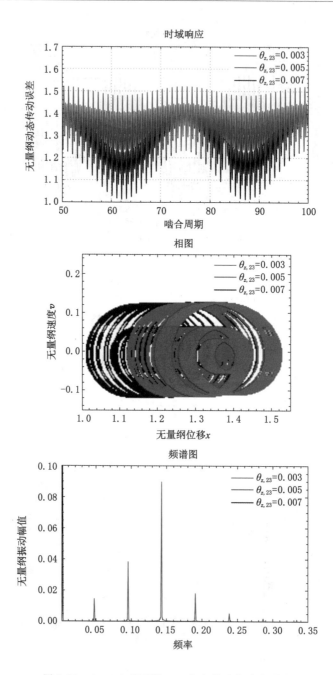

图 6-19　$\Omega=0.3$ 时不同 $\theta_{z,23}$ 产生的动态响应对比

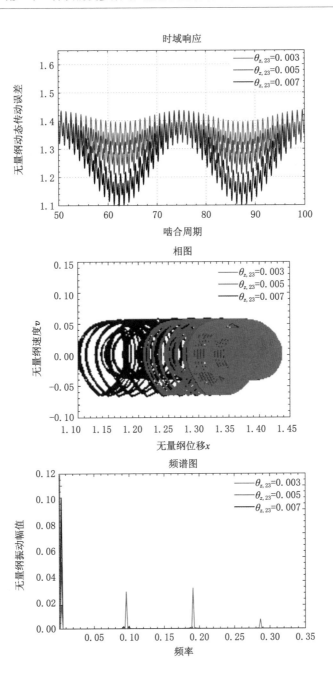

图 6-20　$\Omega=0.6$ 时不同 $\theta_{z,23}$ 产生的动态响应对比

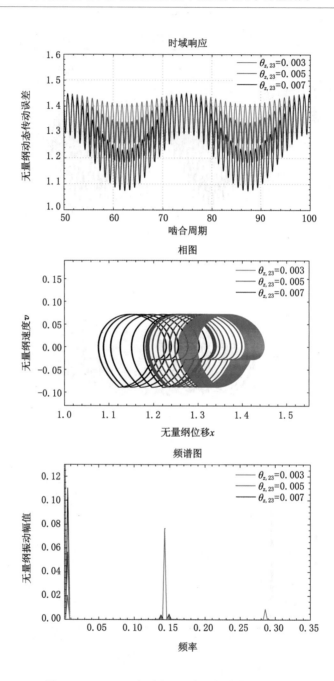

图 6-21　$\Omega=0.9$ 时不同 $\theta_{z,23}$ 产生的动态响应对比

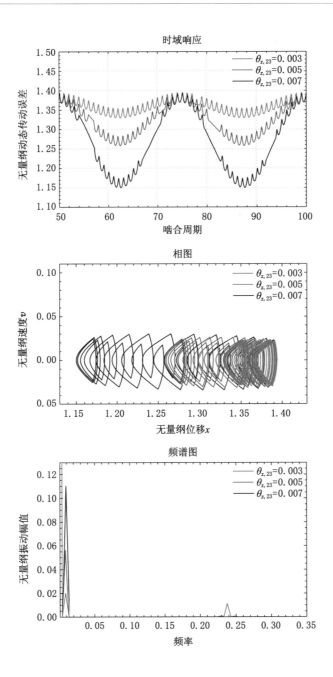

图 6-22 $\Omega = 1.5$ 时不同 $\theta_{z,23}$ 产生的动态响应对比

由图 6-19～图 6-22 可知，$\theta_{z,23}$ 和 $\theta_{y,23}$ 产生的动态响应比较类似，同样会产生原点附近的低频谐波、影响其他谐波的幅值以及产生边频，这是因为两者形成的齿轮副整体误差曲线（图 4-26 和图 4-27）的包络线都是类似三角函数曲线，但是两者在单个啮合周期内的变化规律还是存在很大不同。相对于 $\theta_{y,23}$，$\theta_{z,23}$ 产生的低频谐波幅值要大得多，因此 $\theta_{z,23}$ 影响更加显著。同样，低频谐波的幅值、边频幅值以及其他谐波的幅值都会随着 $\theta_{z,23}$ 的增加而增加，也会随着转速的变化而变化。

（3）$d_{y,23}$ 对传动误差的影响

$d_{y,23}$ 形成的齿轮副整体误差曲线如图 4-32 所示。将上述误差代入大重合度齿轮动力学方程中，求解当无量纲转速 Ω 分别为 0.3、0.6、0.9、1.5 时的动力学特性，其动态响应曲线如图 6-23～图 6-26 所示。

由图 6-23～图 6-26 可知，$d_{y,23}$ 同样会产生低频谐波以及会对其他谐波幅值产生影响，但是并不会产生边频。这是因为 $d_{y,23}$ 产生的齿轮副整体误差曲线（图 4-28）在不同轮齿间能平滑过渡，不存在跳跃现象。低频谐波的幅值以及其他谐波的幅值都会随着 $d_{y,23}$ 的增加而增大，而低频谐波的幅值在运转过程中不会受到转速的影响。

（4）$d_{z,23}$ 对传动误差的影响

$d_{z,23}$ 形成的齿轮副整体误差曲线如图 4-33 所示。将上述误差代入大重合度齿轮动力学方程中，求解当无量纲转速 Ω 分别为 0.3、0.6、0.9、1.5 时的动力学特性，其动态响应曲线如图 6-27～图 6-30 所示。

由图 6-27～图 6-30 可知，$d_{z,23}$ 与 $d_{y,23}$ 的影响效果相同，同样会产生低频谐波以及会对其他谐波幅值产生影响，也不会产生边频。其产生的低频幅值大小和对其他谐波的影响幅值变化都和 $d_{y,23}$ 作用情况下完全一致。这主要是因为它们的齿轮副整体曲线（图 4-28 和图 4-29）均是三角函数曲线，幅值大小相同，仅仅相位有所不同。

可见，上述偏差均会不同程度地对大重合度齿轮的动态特性产生影响，而且不同类型偏差的影响规律可能存在较大差异，因此，为了能够设计出合理的精度参数数值，必须要从各种类型的偏差特点入手，结合其对系统的动态特性影响规律，开展精度参数的设计及优化工作。

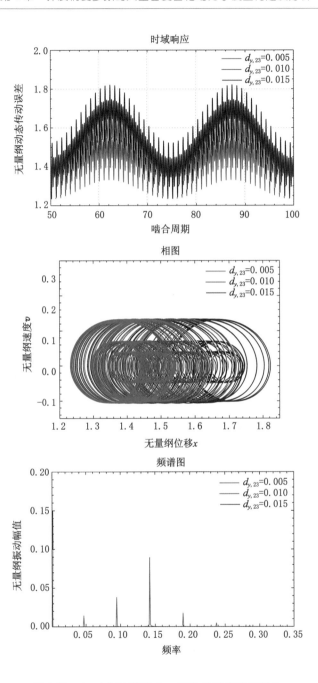

图 6-23　$\Omega = 0.3$ 时不同 $d_{y,23}$ 产生的动态响应对比

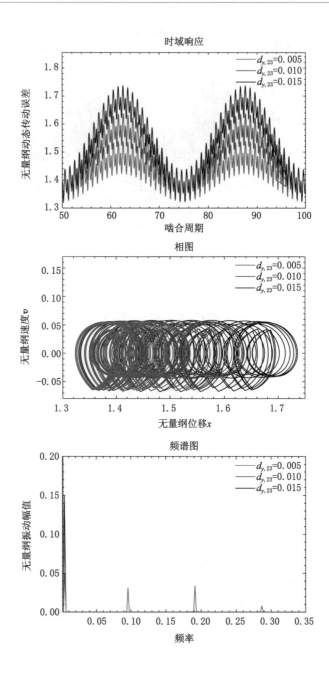

图 6-24 $\Omega=0.6$ 时不同 $d_{y,23}$ 产生的动态响应对比

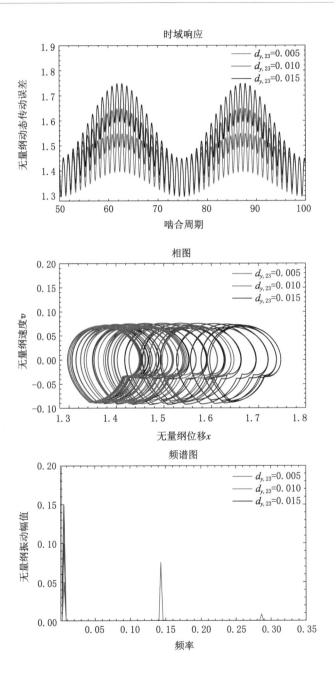

图 6-25　$\Omega=0.9$ 时不同 $d_{y,23}$ 产生的动态响应对比

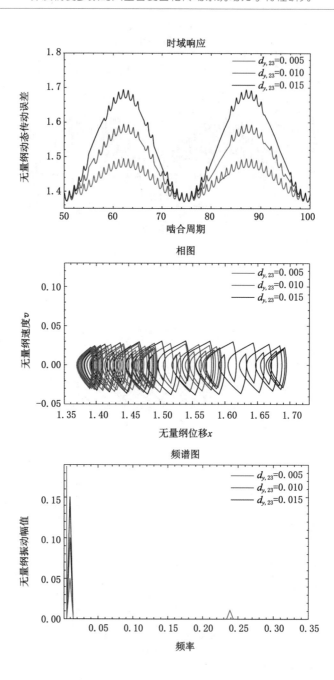

图 6-26 $\Omega = 1.5$ 时不同 $d_{y,23}$ 产生的动态响应对比

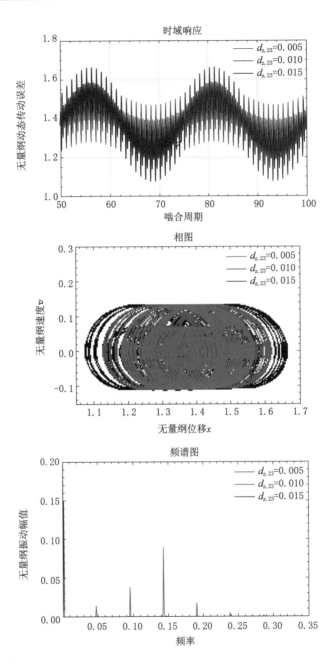

图 6-27　$\Omega = 0.3$ 时不同 $d_{z,23}$ 产生的动态响应对比

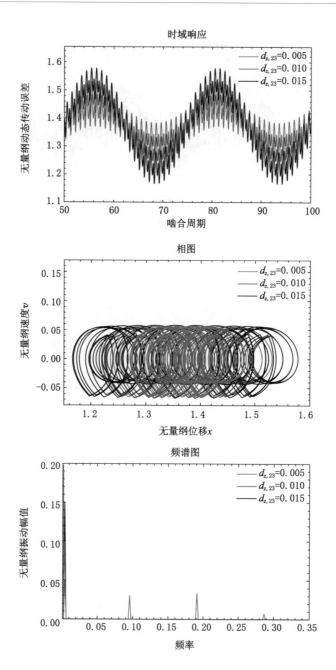

图 6-28　$\Omega=0.6$ 时不同 $d_{z,23}$ 产生的动态响应对比

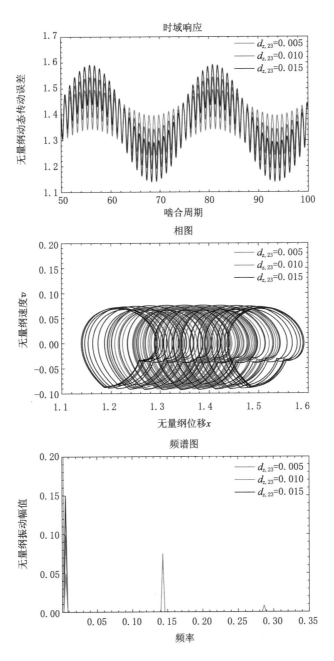

图 6-29　$\Omega = 0.9$ 时不同 $d_{z,23}$ 产生的动态响应对比

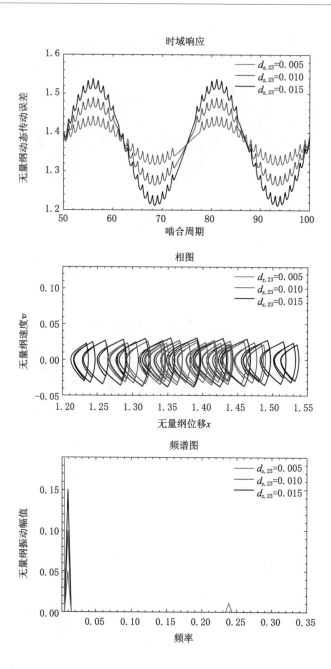

图 6-30 $\Omega = 1.5$ 时不同 $d_{z,23}$ 产生的动态响应对比

6.3　综合精度参数对大重合度齿轮动力学特性影响研究

在上一节中主要分析了不同精度参数对大重合度齿轮动力学特性的影响,而在实际情况下齿轮的各种偏差同时存在,其齿轮动力学特性受到这些精度参数的共同影响。

下面以齿廓形状偏差、齿廓倾斜偏差、齿距偏差、齿轮齿圈与齿轮孔之间偏差为例进行探讨。不同精度参数的分组情况见表 6-1。

表 6-1　不同精度参数数值

精度参数	数值/μm				
	第 1 组	第 2 组	第 3 组	第 4 组	第 5 组
齿廓形状偏差 $f_{f\alpha}$	11	7	16	11	11
齿廓倾斜偏差 $f_{H\alpha}$	9	6	13	-9	-9
齿距累积总偏差 F_p	35	25	50	35	35
变动要素 $\theta_{y,23}$	5	7	3	-5	-5
变动要素 $\theta_{z,23}$	5	7	3	5	-5
变动要素 $d_{y,23}$	10	15	5	10	-10
变动要素 $d_{z,23}$	10	15	5	-10	-10

第 1、2、3 组数值是将不同加工精度下的数值进行组合形成,目的是比较不同加工精度下的精度参数对大重合度齿轮动力学特性的影响。将上述第 1、2、3 组的精度参数数值分别代入 TCA 程序中,得到的齿轮副整体误差曲线如图 6-31 所示。

设 $T=500$ N·m、$\Omega=0.9$,将上述三组齿轮副整体误差代入大重合度齿轮动力学方程中,求解所得到的动态响应曲线如图 6-32 所示。

由图 6-32 可知,尽管这三组加工偏差数值有较大差别,但是其对齿轮系统的动力学特性的影响却相差不大,尤其是第 1、3 组。可见,在不同加工精度

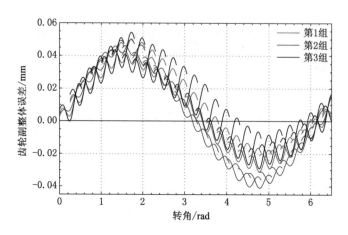

图 6-31　第 1、2、3 组精度数值形成的齿轮副整体误差

下的偏差组合形成的齿轮系统动态响应有可能相差不大。

将上述第 1、4、5 组偏差数值分别代入 TCA 程序中，得到的齿轮副整体曲线如图 6-33 所示。

同理，在 $T=500\text{ N}\cdot\text{m}$、$\Omega=0.9$ 的条件下，将上述三组齿轮副整体误差代入大重合度齿轮动力学方程中，求解所得到的动态响应曲线如图 6-34 所示。

由图 6-34 可知，尽管偏差数值大小相同，但是偏差方向和相位的不同也会导致动力学特性呈现较大的差异，尤其是在低频处，振动幅值变化非常明显：从 0.315 减小到 0.18，再减小到 0.095。可见，尽管加工精度相同，但由于精度参数其他特征的不同，也会造成齿轮系统的动力学特性有较大差异。

综合上述分析可知，实际状态下的齿轮系统动态特性是各项精度参数综合作用的结果，当精度参数发生变化时齿轮系统的动态特性会随之发生相应的变化。在实际设计当中，精度参数都是由其公差来进行约束，而公差直接影响着齿轮产品的质量、功能、生产效率以及制造成本，因此，为了评估各精度参数公差设计的合理性，需要在公差约束范围内研究精度参数对齿轮动力学特性的影响。例如文献[93]就利用蒙特卡罗法模拟了公差范围内的随机加工误差，分析了这些误差对齿轮动力学特性的影响。接下来，本书将从公差分析的角度来探讨各项精度参数对齿轮动力学特性的影响。

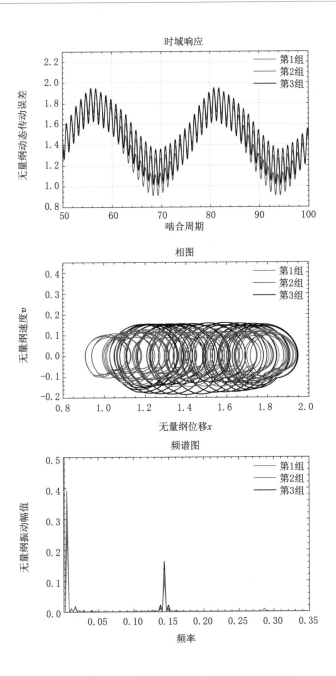

图 6-32 第 1、2、3 组精度数值产生的动态响应对比

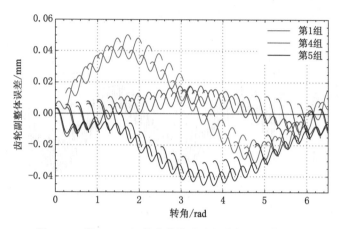

图 6-33　第 1、4、5 组精度数值形成的齿轮副整体误差

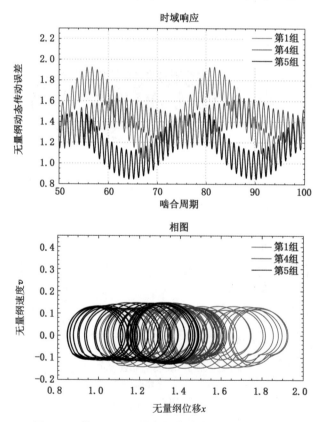

图 6-34　第 1、4、5 组精度数值产生的动态响应对比

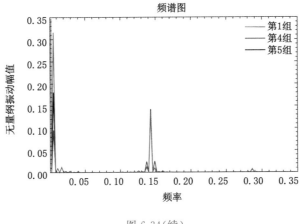

图 6-34(续)

6.4 基于动态特性的大重合度齿轮公差分析方法研究

为了分析公差约束范围内精度参数对大重合度齿轮动力学特性的影响，首先必须对各精度参数的约束范围进行求解，在明确这些范围之后才能基于实验设计方法模拟精度参数的数值，从而将各种精度参数数值代入前文所讨论的齿轮副整体误差和大重合度齿轮动力学计算程序中，得到动力学特性的模型结果，并对此开展相关分析。

6.4.1 精度参数约束范围的求解

（1）齿廓偏差、齿距偏差的约束范围

因齿廓偏差和齿距偏差直接对应了齿轮精度标准中的精度参数，因此只需利用其公差值进行约束即可。

对于齿廓偏差而言，有：

$$\begin{cases} f_{f\alpha} \leqslant f_{f\alpha T} \\ |f_{H\alpha}| \leqslant f_{H\alpha T} \end{cases} \tag{6-11}$$

式中，$f_{f\alpha T}$ 表示齿廓形状偏差的公差；$f_{f\alpha T}$ 表示齿廓倾斜偏差的公差。

上述公差均对应精度标准中的允许值。

对于齿距偏差而言，有：

$$\begin{cases} |f_{pi}| \leqslant f_{pT} \\ F_{pi} \leqslant F_{pT} \end{cases} \qquad (6\text{-}12)$$

式中，f_{pT} 表示单个齿距偏差的公差；F_{pT} 表示齿距累积总偏差的公差。

上述公差均对应精度标准中的允许值。

（2）齿轮齿圈与齿轮孔以及齿轮孔与轴之间偏差的约束范围

齿轮齿圈与齿轮孔以及齿轮孔与轴之间的偏差是均通过同轴度来进行约束。以齿轮齿圈的轴线为例来说明其约束范围。齿轮齿圈的轴线 2 被约束在以轴线 3 为中心轴线、直径为 ϕT_{23} 的圆柱面变动区域内。

那么，变动不等式可以表示为：

$$\begin{cases} -T_{23}/2 \leqslant d_{y,23} \leqslant T_{23}/2 \\ -T_{23}/2 \leqslant d_{z,23} \leqslant T_{23}/2 \\ -T_{23}/l \leqslant \theta_{y,23} \leqslant T_{23}/l \\ -T_{23}/l \leqslant \theta_{z,23} \leqslant T_{23}/l \end{cases} \qquad (6\text{-}13)$$

设 SDT 作用的顺序为先平动 $d_{y,23} \rightarrow d_{z,23}$、后转动 $\theta_{y,23} \rightarrow \theta_{z,23}$，其含义是：轴线 2 先后沿 y_3 轴和 z_3 轴移动 $d_{y,23}$ 和 $d_{z,23}$ 距离后到达某一位置，然后再分别绕 y_3 轴和 z_3 轴旋转 $\theta_{y,23}$ 和 $\theta_{z,23}$ 角度。在这个过程中，轴线在规定长度内不能超过以轴线 3 为中心轴线、直径为 ϕT_{23} 的圆柱面的边界。

根据上述分析，平动 $d_{y,23}$ 后，对于 $d_{z,23}$ 的约束不等式为：

$$-\sqrt{(T_{23}/2)^2 - d_{y,23}^2} \leqslant d_{z,23} \leqslant \sqrt{(T_{23}/2)^2 - d_{y,23}^2} \qquad (6\text{-}14)$$

对于 $\theta_{y,23}$ 的约束不等式为：

$$-\frac{\sqrt{(T_{23}/2)^2 - d_{y,23}^2} - |d_{z,23}|}{l/2} \leqslant \theta_{y,23} \leqslant \frac{\sqrt{(T_{23}/2)^2 - d_{y,23}^2} - |d_{z,23}|}{l/2}$$

$$(6\text{-}15)$$

对于 $\theta_{z,23}$ 的约束不等式为：

$$-\frac{\sqrt{(T_{23}/2)^2 - (|d_{z,23}| + |\theta_{y,23}| \cdot \Delta l/2)^2} - |d_{y,23}|}{l/2} \leqslant \theta_{z,23} \leqslant$$

$$\frac{\sqrt{(T_{23}/2)^2 - (|d_{z,23}| + |\theta_{y,23}| \cdot \Delta l/2)^2} - |d_{y,23}|}{l/2} \qquad (6\text{-}16)$$

（3）轴的安装偏差的约束范围

如图 4-11 所示，轴线 4 由中心距公差和平行度公差共同约束：中心距尺寸公差对其沿着 y 轴方向变动有约束，其变动区域为 $[-T_{a,45}/2, T_{a,45}/2]$；平行度公差对其沿着 y_5 轴和 z_5 轴变动方向均具有约束，其变动区域为平行于基

准轴线且宽度为 $T_{y,45} \times T_{z,45}$ 的四棱柱所限定的区域。

那么,变动不等式可以表示为:

$$\begin{cases} -T_{a,45}/2 \leqslant d_{y,45} \leqslant T_{a,45}/2 \\ -T_{z,45}/2 \leqslant d_{z,45} \leqslant T_{z,45}/2 \\ -T_{z,45}/l \leqslant \theta_{y,45} \leqslant T_{z,45}/l \\ -T_{y,45}/l \leqslant \theta_{z,45} \leqslant T_{y,45}/l \end{cases} \tag{6-17}$$

同样,设 SDT 作用的顺序为先平动 $d_{y,45} \rightarrow d_{z,45}$、后转动 $\theta_{y,45} \rightarrow \theta_{z,45}$,其含义是:轴线 4 分别沿 y_5 轴和 z_5 轴移动 $d_{y,45}$ 和 $d_{z,45}$ 距离后到达某一位置,然后绕 y_5 轴和 z_5 轴分别旋转 $\theta_{y,45}$ 和 $\theta_{z,45}$ 角度。在这个过程中,轴线在规定长度内不能超过中心距公差和平行度公差确定的四棱柱区域的边界。

根据上述分析,轴线在 z 轴方向仅受平行度公差约束,那么该方向的约束不等式为:

$$-\frac{(T_{z,45}/2) - |d_{z,45}|}{l/2} \leqslant \theta_y \leqslant \frac{(T_{z,45}/2) - |d_{z,45}|}{l/2} \tag{6-18}$$

轴线在 y_5 轴方向既存在中心距公差,又存在平行度公差,考虑其两者的共同约束作用,变动情况可以分为如下三种:

① 当 $-T_{a,45}/2 \leqslant d_{y,45} \leqslant (T_{y,45} - T_{a,45})/2$ 时,此时公差域的上边界是平行度公差域的上边界,下边界是中心距公差域的下边界,如图 6-35(a)所示。那么,约束不等式为:

$$\frac{-(T_{a,45}/2) - d_{y,45}}{l/2} \leqslant \theta_{z,45} \leqslant \frac{T_{y,45}}{l} \tag{6-19}$$

② 当 $(T_{y,45} - T_{a,45})/2 \leqslant d_{y,45} \leqslant (T_{a,45} - T_{y,45})/2$ 时,此时公差域的上、下边界均是平行度公差域的上、下边界,如图 6-35(b)所示。那么,约束不等式为:

$$-\frac{T_{y,45}}{l} \leqslant \theta_{z,45} \leqslant \frac{T_{y,45}}{l} \tag{6-20}$$

③ 当 $(T_{a,45} - T_{y,45})/2 \leqslant d_{y,45} \leqslant T_{a,45}/2$ 时,此时公差域的上边界是中心距尺寸公差域的上边界,下边界是平行度公差域的下边界,如图 6-35(c)所示。那么,约束不等式为:

$$-\frac{T_{y,45}}{l} \leqslant \theta_{z,45} \leqslant \frac{(T_{a,45}/2) - d_{y,45}}{l/2} \tag{6-21}$$

式(6-19)～式(6-21)构成了轴线在 y 轴方向上的约束不等式。

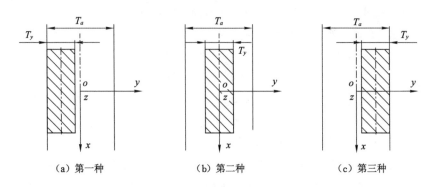

（a）第一种　　　　　（b）第二种　　　　　（c）第三种

图 6-35　轴线 y_5 的变动情况

6.4.2　公差约束范围下的精度参数数值的模拟

设某大重合度齿轮的公差如下：$f_{faT}=0.011$ mm，$f_{HaT}=0.009$ mm，$F_{pT}=0.035$ mm，$T_{23}=0.04$ mm，$T_{a,45}=0.08$ mm，$T_{y,45}=0.06$ mm，$T_{z,45}=0.04$ mm。假定各精度参数在公差范围内的变动数值均符合正态分布。

将上述公差数值代入前面推导的约束不等式中，即可得到精度参数的约束范围。在此基础上，利用蒙特卡罗模拟方法进行随机模拟，可以生成符合约束范围的各精度参数数值。为了节约模拟时间，设置本次模拟的数值样本数量为 500。图 6-36 所示为利用式（6-11）和式（6-12）生成的齿廓偏差和齿距偏差数值样本形成的齿廓偏差和齿距偏差曲线，为了便于查看，这里仅列出了其中的 10 条曲线；图 6-37 所示为利用约束不等式（6-14）～式（6-16）生成变动要素 $d_{y,23}$、$d_{z,23}$、$\theta_{y,23}$、$\theta_{z,23}$ 的变动样本；图 6-38 所示为利用约束不等式（6-18）～式（6-21）生成变动要素 $d_{y,45}$、$d_{z,45}$、$\theta_{y,45}$、$\theta_{z,45}$ 的变动样本。由于 $d_{y,45}$ 与 $\theta_{z,45}$ 相关、$d_{z,45}$ 与 $\theta_{y,45}$ 相关，因此仅罗列这两个相关组的数值分布。

将上述偏差样本数值代入大重合度齿轮的动力学求解程序中，根据样本数量，通过循环求解即可得到每一组精度参数对应的动态响应曲线。为了方便查看，在这里仅给出了其中的 10 条动态传动误差曲线及其幅频曲线，分别如图 6-39 和图 6-40 所示。

利用计算过程中存储的信息就可以开展相关的分析。图 6-41 所示为 500个样本参数形成的动态传动误差的幅值、平均值、最大值以及最小值的统计图。利用统计图可以便于设计人员评判所设计精度参数范围的合理性，从而提出优化方案。

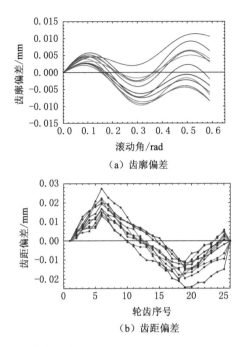

（a）齿廓偏差

（b）齿距偏差

图 6-36　随机生成的齿廓偏差和齿距偏差

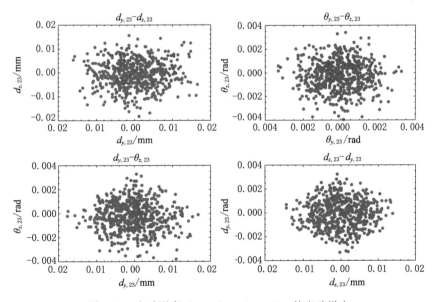

图 6-37　变动要素 $d_{y,23}$、$d_{z,23}$、$\theta_{y,23}$、$\theta_{z,23}$ 的变动样本

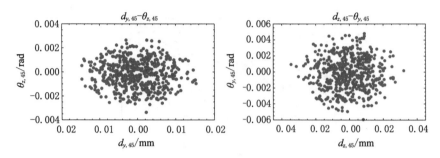

图 6-38　变动要素 $d_{y,45}$、$d_{z,45}$、$\theta_{y,45}$、$\theta_{z,45}$ 的变动样本

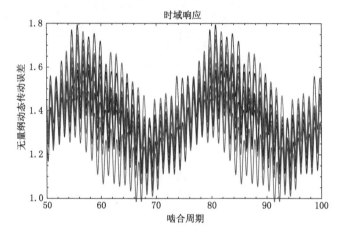

图 6-39　随机样本形成的动态传动误差曲线

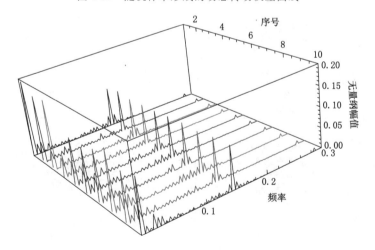

图 6-40　随机样本形成的动态传动误差的频谱图

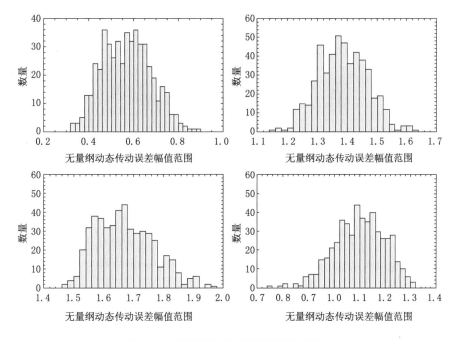

图 6-41　动态传动误差不同指标的统计图

6.5　本章小结

　　本章通过分析大重合度齿轮的实际啮合过程,构建了基于齿轮副整体误差的大重合度齿轮动力学模型,并分析了不同精度参数对大重合度齿轮动态特性的影响。基于上述动力学模型,提出了一种基于动态特性的大重合度齿轮的公差分析方法,并通过实例进行了分析,为开展大重合度齿轮的精度参数设计及优化奠定了基础。

第 7 章　总结与展望

7.1　工作总结

　　相对于普通重合度齿轮而言,大重合度齿轮具有更好的啮合性能,但是因其啮合齿轮对数较多会导致其动态啮合性能对精度参数十分敏感,因此为了设计出性能优良的大重合度齿轮,非常有必要深入研究精度参数对大重合度齿轮的影响规律。为此,本书从大重合度齿轮的实际齿廓出发,构建了计及齿廓偏差、齿距偏差、几何偏差等精度参数的大重合度齿轮动力学模型,分析了不同精度参数对大重合度齿轮动态特性的影响,并探讨了基于动态啮合特性的公差分析方法。本书的主要工作包括:

　　(1)介绍了本书的研究背景和意义,阐述了大重合度齿轮及齿轮动力学方面的研究现状,综合分析了目前研究中的不足,提出了从精度参数角度来研究大重合度齿轮动力学特性,从而为设计合理的精度参数提供指导。

　　(2)分析了大重合度齿轮滚刀的结构和特点,推导了大重合度齿轮的齿廓方程,研究了不同刀具参数对大重合度齿轮齿廓的影响规律。利用优化算法计算了滚刀的参数,并模拟了大重合度齿轮的实际齿廓。最后分析了基于实际齿廓的大重合度齿轮的重合度计算方法。

　　(3)对比分析了齿轮啮合刚度的不同计算方法,重点阐述了势能法计算啮合刚度的原理。基于轮齿的实际齿廓,利用势能法推导了大重合度齿轮的刚度计算模型,并给出了一个计算实例。基于该计算模型,分析了不同因素对大重合度齿轮啮合刚度的影响,根据分析结果可知:轮齿的过渡曲线、修缘、齿厚对大重合度齿轮的啮合刚度均有不可忽视的影响。

　　(4)根据不同精度参数的特点,构建了计及精度参数的大重合度齿轮齿面数学模型,研究了计及精度参数的齿面接触分析方法,并通过实例验证了方法的正确性。引入了齿轮副整体误差的概念,基于齿面接触分析方法分析了不同精度参数对齿轮副整体误差的影响。

（5）建立了一种包括齿轮副整体误差、时变啮合刚度、侧隙的新的非线性齿轮动力学模型。对一种精确的时变啮合刚度拟合方法进行了分析,并基于刚度拟合函数、传动误差曲线以及齿轮副整体误差曲线,对比分析了不同条件下传统动力学模型和新动力学模型的动态特性。对比结果表明:建立的新模型比传统模型能更好地描述系统特征。

（6）推导了基于齿轮副整体误差的大重合度齿轮非线性动力学方程,并分析了不同精度参数对大重合度齿轮动态特性的影响。以此为基础,进一步分析了综合精度参数对大重合度齿轮动态特性的影响。分析结果表明:一方面,在不同加工精度下的偏差组合形成的齿轮系统动态响应有可能相差不大;另一方面,尽管加工精度相同,但由于精度参数其他特征的不同,可能会造成齿轮系统的动力学特性有较大差异。为此,提出了一种基于动态特性的大重合度齿轮的公差分析方法,并进行了实例分析。

7.2　主要创新点

（1）从加工角度出发,构建了大重合度齿轮的实际齿廓模型,并基于该模型利用势能法推导了大重合度齿轮的啮合刚度,为大重合度齿轮动力学研究中准确计算刚度奠定了基础。

（2）通过分析不同精度参数的特点,构建了大重合度齿轮的齿面数学模型,为开展齿面接触分析和动力学中误差激励的计算提供了方法。

（3）基于齿轮副整体误差的概念,建立了包含齿轮副整体误差、时变啮合刚度、侧隙的普通重合度齿轮的非线性动力学模型。通过分析大重合度齿轮的啮合特点,进一步推导了大重合度齿轮的动力学方程,并分析了不同精度参数对大重合度齿轮动态特性的影响。

（4）根据精度参数公差特点,推导了精度参数的约束范围,并结合大重合度齿轮动力学方程探讨了大重合度齿轮的公差分析方法,为后续开展大重合度齿轮的精度参数设计及优化提供了方法。

7.3 研究展望

本书主要通过考虑多种精度参数研究了大重合度齿轮的动态特性,但由于齿轮系统本身极其复杂,影响齿轮啮合性能的因素众多,因此,仍有以下一些工作需要进一步研究和探索:

(1)本书主要考虑了齿廓偏差、齿距偏差、几何偏差三种类型的精度参数,实际上,齿轮还存在其他一些精度参数,比如齿面粗糙度等。此外,齿廓修形也对齿轮的接触性能和动力学性能有重要影响。本书在研究中仅是以动态传动误差为研究对象,实际上动态特性还涉及很多方面,如动态啮合力、分岔与混沌等。因此,在后续的研究中,将会进一步对未考虑的因素的特点进行分析,并逐渐引入大重合度齿轮的动力学模型中,并开展以更多动态特性指标为研究对象的动力学研究。

(2)由于本书重点在于为大重合度齿轮动力学及其公差分析研究提供一种思路,因此以最经典的单自由度齿轮动力学模型为对象进行了研究,而且在研究中也忽略了摩擦、润滑、轴承等因素的影响。为了提高模型的实用性,在后续将会针对多自由度的大重合度齿轮动力学模型进行研究,并进一步考虑相关因素的影响。

(3)本书仅从理论上探讨了精度参数对大重合度齿轮动力学特性的影响,后续将通过搭建高精度的大重合度齿轮传动系统试验台来研究各种精度参数、齿廓修形等对大重合度齿轮动态特性的影响。

参考文献

[1] 国务院.国家中长期科学和技术发展规划纲要(2006—2020 年)[R/OL].(2006-02-09)[2020-12-15].http://www.gov.cn/gongbao/content/2006/content_240244.htm.

[2] 国务院.《中国制造 2025》[R/OL].(2015-05-19)[2020-12-20].http://www.gov.cn/zhuanti/2016/MadeinChina2025-plan/mobile.htm.

[3] 国务院.中华人民共和国国民经济和社会发展第十四个五年规划和 2035 年远景目标纲要[R/OL].(2021-03-11)[2021-05-11]. http://www.gov.cn/xinwen/2021-03/13/content_5592681.htm? dt_platform＝weibo&dt_dapp＝1.

[4] 中共中央,国务院.国家标准化发展纲要[R/OL].(2021-10-10)[2021-11-21]. http://www.gov.cn/zhengce/2021-10/10/content_5641727.htm.

[5] RAMESHKUMAR M,SIVAKUMAR P,SUNDARESH S,et al.Load sharing analysis of high-contact-ratio spur gears in military tracked vehicle applications[J].Gear technology,2010,1(3):43-50.

[6] GONZÁLEZ G.Higher contact ratios for quieter gears[J].Gear solution,2009,25:20-27.

[7] ANSI.Cylindrical gears-ISO system of flank tolerance classification.Part 1:definitions and allowable values of deviations relevant to flanks of gear teeth:ISO 1328-1:2013[S/OL].[2014-09-30].http://www.nssi.org.cn/nssi/front/88041850.html.

[8] ROSEN K M,FRINT H K.Design of high contact ratio gears[J].Journal of the American helicopter society,1982,27(4):65-73.

[9] ANDERSON N E,LOEWENTHAL S H.Efficiency of nonstandard and high contact ratio involute spur gears[J].Journal of mechanisms,transmissions,and automation in design,1986,108(1):119-126.

[10] YILDIRIM N. Theoretical and experimental research in highcontact

ratio spur gearing[D].Huddersfiel:University of Huddersfield,1994.

[11] YILDIRIM N.Some guidelines on the use of profile reliefs of high contact ratio spur gears[J].Proceedings of the institution of mechanical engineers,Part C:journal of mechanical engineering science,2005,219 (10):1087-1095.

[12] YALDIRIM N,MUNRO R G.A new type of profile relief for high contact ratio spur gears[J].Proceedings of the institution of mechanical engineers,Part C:journal of mechanical engineering science,1999,213 (6):563-568.

[13] MOHANTY S C.Tooth load sharing and contact stress analysis of high contact ratio spur gears in mesh[J].Journal of the institution of engineers,Part C:mechanical engineering division,2003,84:66-70.

[14] KUZMANOVIC S, VEREŠ M, RACKOV M. Generalized particle swarm algorithm for HCR gearing geometry optimization[J].Scientific proceedings faculty of mechanical engineering STU in Bratislava, 2012,20(1):36-41.

[15] VERE M,BOANSK M,RACKOV M.Possibility of the HCR gearing geometry optimization from pitting damage point of view[J].Zeszyty naukowe politechniki slaskiej,2012,76:125-128.

[16] RACKOV M,VERES M,KANOVIC Ž,et al.HCR gearing and optimization of its geometry[J].Advanced materials research, 2013, 633: 117-132.

[17] SÁNCHEZ M B,PEDRERO J I,PLEGUEZUELOS M.Contact stress calculation of high transverse contact ratio spur and helical gear teeth [J].Mechanism and machine theory,2013,64:93-110.

[18] PLEGUEZUELOS M,PEDRERO J I,SÁNCHEZ M B.Analytical expressions of the efficiency of standard and high contact ratio involute spur gears[J].Mathematical problems in engineering,2013,2013:142849.

[19] PANDYA Y,PAREY A.Crack behavior in a high contact ratio spur gear tooth and its effect on mesh stiffness[J].Engineering failure analysis,2013,34:69-78.

[20] FRANULOVIC M,MARKOVIC K,VRCAN Z,et al.Experimental and analytical investigation of the influence of pitch deviations on the load-

ing capacity of HCR spur gears[J].Mechanism and machine theory, 2017,117:96-113.

[21] 方宗德,蒋孝煜,宋镜瀛.大重合度齿轮的性能研究[J].齿轮,1987,11 (1):27-32.

[22] 罗立风,陈谌闻.大重合度直齿轮刚度的测量研究与边界元计算[J].齿轮,1991,15(2):5-10.

[23] 王三民,纪名刚.高速大重合度直齿圆柱齿轮的齿廓最佳修形研究[J].航空学报,1996,17(1):121-124.

[24] 牛暐,梁桂明,邓效忠.大重合度低噪声斜齿轮设计新方法[J].机械设计,1996,13(7):36-37.

[25] 尹刚.高重合度齿轮应力场有限元分析[J].重庆大学学报,2010,33(7):53-57.

[26] 渠珍珍,鲍和云,朱如鹏.高重合度行星齿轮系参数优化设计[J].机械设计与制造,2011(12):41-43.

[27] 渠珍珍.高重合度行星齿轮传动系统设计及动力学分析[D].南京:南京航空航天大学,2011.

[28] 渠珍珍,鲍和云,朱如鹏,等.高重合度行星齿轮传动系统动态特性分析[J].机械科学与技术,2012,31(7):1174-1179.

[29] 李发家.高重合度行星齿轮传动系统强度及动力学研究[D].南京:南京航空航天大学,2015.

[30] 李发家,朱如鹏,鲍和云,等.高重合度与低重合度齿轮系统动力学分岔特性对比分析[J].中南大学学报(自然科学版),2015,46(2):465-471.

[31] 李发家,朱如鹏,靳广虎,等.多间隙高重合度齿轮传动系统动力学分岔与稳定性分析[J].华南理工大学学报(自然科学版),2015,43(6):63-70.

[32] 赵宁,杨杰.高重合度圆柱齿轮传动多目标优化设计[J].机械传动,2012,36(7):43-46.

[33] CHEN Z G,SHAO Y M.Mesh stiffness calculation of a spur gear pair with tooth profile modification and tooth root crack[J].Mechanism and machine theory,2013,62:63-74.

[34] PEDRERO J I,PLEGUEZUELOS M,ARTÉS M,et al.Load distribution model along the line of contact for involute external gears [J].Mechanism and machine theory,2010,45(5):780-794.

[35] YASSINE D,AHMED H,LASSAAD W,et al.Effects of gear mesh

fluctuation and defaults on the dynamic behavior of two-stage straight bevel system[J].Mechanism and machine theory,2014,82:71-86.

[36] VELEX P,MAATAR M.A mathematical model for analyzing the influence of shape deviations and mounting errors on gear dynamic behaviour[J].Journal of sound and vibration,1996,191(5):629-660.

[37] BONORI G,PELLICANO F.Non-smooth dynamics of spur gears with manufacturing errors[J].Journal of sound and vibration,2007,306(1-2):271-283.

[38] MUCCHI E,DALPIAZ G,RIVOLA A.Elastodynamic analysis of a gear pump.Part Ⅱ:meshing phenomena and simulation results[J].Mechanical systems and signal processing,2010,24(7):2180-2197.

[39] FERNÁNDEZ A,IGLESIAS M,DE-JUAN A,et al.Gear transmission dynamic:effects of tooth profile deviations and support flexibility[J]. Applied acoustics,2014,77:138-149.

[40] FERNÁNDEZ A,IGLESIAS M,DE-JUAN A,et al.Gear transmission dynamics:effects of index and run out errors[J].Applied acoustics, 2016,108:63-83.

[41] REQUICHA A A G.Toward a theory of geometric tolerancing[J].The international journal of robotics research,1983,2(4):45-60.

[42] JAYARAMAN R,SRINIVASAN V.Geometric tolerancing:Ⅰ.virtual boundary requirements[J].IBM journal of research and development, 1989,33(2):90-104.

[43] SRINIVASAN V,JAYARAMAN R.Geometric tolerancing:Ⅱ.conditional tolerances[J].IBM journal of research and development,1989,33 (2):105-124.

[44] ETESAMI F.A mathematical model for geometric tolerances [J]. Journal of mechanical design,1993,115(1):81-86.

[45] HOFFMANN P.Analysis of tolerances and process inaccuracies in discrete part manufacturing[J].Computer-aided design,1982,14(2):83-88.

[46] ANSI.Mathematical definition of dimensioning and tolerancing principles:ASME Y14.5:2009 [S/OL].[2019-01-01].http://www.nssi.org. cn/nssi/front/112672650.html.

[47] DESROCHERS A,CLÉMENT A.A dimensioning and tolerancing as-

sistance model for CAD/CAM systems[J].The international journal of advanced manufacturing technology,1994,9(6):352-361.

[48] BOURDET P,MATHIEU L,LARTIGUE C,et al.The concept of small displacement torsor in metrology[J].Advanced mathematical tool in metrology,1996,40:110-122.

[49] ASANTE J N.A small displacement torsor model for tolerance analysis in a workpiece-fixture assembly[J].Proceedings of the institution of mechanical engineers,Part B:journal of engineering manufacture,2009,223(8):1005-1020.

[50] BARKALLAH M,JABALLI K,LOUATI J,et al.Three-dimensional quantification of the manufacturing defects for tolerances analysis[J].Multidiscipline modeling in materials and structures,2012,8(1):43-62.

[51] 茅健,曹衍龙,杨将新,等.基于公差原则的直线对称度公差数学模型[J].中国机械工程,2007,18(19):2351-2354.

[52] 王移风,曹衍龙,徐旭松,等.基于SDT的三维公差域建模方法研究[J].中国机械工程,2012,23(7):844-846.

[53] 吕程,艾彦迪,余治民.蒙特卡罗与响应面法相结合的圆柱度公差模型求解[J].西安交通大学学报,2014,48(7):53-59.

[54] ROY U,LI B.Representation and interpretation of geometric tolerances for polyhedral objects. I :form tolerances[J].Computer-aided design,1998,30(2):151-161.

[55] ROY U,LI B.Representation and interpretation of geometric tolerances for polyhedral objects. II :size,orientation and position tolerances[J].Computer-aided design,1999,31(4):273-285.

[56] WANG H,PRAMANIK N,ROY U,et al.A scheme for transformation of tolerance specifications to generalized deviation space for use in tolerance synthesis and analysis[C]//Proceedings of ASME 2002 International Design Engineering Technical Conferences and Computers and Information in Engineering Conference,September 29-October 2,2002,Montreal,Quebec,Canada.2008:1037-1045.

[57] DAVIDSON J K,MUJEZINOVIC A,SHAH J J.A new mathematical model for geometric tolerances as applied to round faces[J].Journal of mechanical design,2002,124(4):609-622.

［58］MUJEZINOVIC A,DAVIDSON J K,SHAH J J.A new mathematical model for geometric tolerances as applied to polygonal faces［J］. Journal of mechanical design,2004,126(3):504-518.

［59］AMETA G,DAVIDSON J K,SHAH J J.Effects of size,orientation, and form tolerances on the frequency distributions of clearance between two planar faces[J].Journal of computing and information science in engineering,2011,11(1):011002.

［60］吴玉光,张根源.基于几何要素控制点变动的公差数学模型[J].机械工程学报,2013,49(5):138-146.

［61］李明,孙涛,胡海岩.齿轮传动转子-轴承系统动力学的研究进展[J].振动工程学报,2002,15(3):249-256.

［62］MUNRO R G.A review of the theory and measurement of gear transmission error[J].Gearbox noise and vibration,1990,12:3-10.

［63］LITVIN F L,KAI G.Investigation of conditions of meshing of spiral bevel gears (in Russian)［C］//Proceedings of Seminar of Theory of Mechanisms and Machines,1962:92-93.

［64］LITVIN F L, EGELJA A, TAN J, et al.Computerized design, generation and simulation of meshing of orthogonal offset face-gear drive with a spur involute pinion with localized bearing contact［J］. Mechanism and machine theory,1998,33(1-2):87-102.

［65］LITVIN F L,LU J,TOWNSEND D P,et al.Computerized simulation of meshing of conventional helical involute gears and modification of geometry[J].Mechanism and machine theory,1999,34(1):123-147.

［66］ARGYRIS J, DE DONNO M, LITVIN F L.Computer program in Visual Basic language for simulation of meshing and contact of gear drives and its application for design of worm gear drive[J].Computer methods in applied mechanics and engineering,2000,189(2):595-612.

［67］LITVIN F L,FUENTES A.Gear geometry and applied theory［M］. Cambridge:Cambridge University Press,2004.

［68］SHIH Y P.A novel ease-off flank modification methodology for spiral bevel and hypoid gears[J].Mechanism and machine theory,2010,45 (8):1108-1124.

［69］WANG W S,FONG Z H.Tooth contact analysis of longitudinal cycloidal-crowned helical gears with circular arc teeth[J].Journal of mechanical design,2010,132(3):031008.

[70] LI H T,WEI W J,LIU P Y,et al.The kinematic synthesis of involute spiral bevel gears and their tooth contact analysis[J].Mechanism and machine theory,2014,79:141-157.

[71] 唐进元,卢延峰,周超.有误差的螺旋锥齿轮传动接触分析[J].机械工程学报,2008,44(7):16-23.

[72] 唐进元,陈兴明,罗才旺.考虑齿向修形与安装误差的圆柱齿轮接触分析[J].中南大学学报(自然科学版),2012,43(5):1703-1709.

[73] 蒋进科,方宗德,苏进展.斜齿轮实际齿面接触分析技术[J].西北工业大学学报,2013,31(6):921-925.

[74] SCHLEICH B,WARTZACK S.A discrete geometry approach for tolerance analysis of mechanism[J].Mechanism and machine theory,2014,77:148-163.

[75] LIN C H,FONG Z H.Numerical tooth contact analysis of a bevel gear set by using measured tooth geometry data[J].Mechanism and machine theory,2015,84:1-24.

[76] SANCHEZ-MARIN F,ISERTE J L,RODA-CASANOVA V.Numerical tooth contact analysis of gear transmissions through the discretization and adaptive refinement of the contact surfaces[J].Mechanism and machine theory,2016,101:75-94.

[77] ANSI.Calculation of load capacity of spur and helical gears:ISO 6336-1:2006 [S/OL].[2006-09-01].https://www.doc88.com/p-4877809957341.html? r =1.

[78] BAND R V,PETERSON R E.Load and stress cycle in gear teeth[J]. Mechanical engineering,1929,51(9):653-662.

[79] WEBER C.The deformations of loaded gears and the effect on their loadcarrying capacity[R].British Scientific and Industrical Research, London,Report,1949.

[80] 日本机械学会.日本机械学会技术资料[M].李茹贞,赵清慧,译.北京:机械工业出版社,1984.

[81] CORNELL R W.Compliance and stress sensitivity of spur gear teeth [J].Journal of mechanical design,1981,103(2):447-459.

[82] NAGAYA K,UEMATSU S.Effects of moving speeds of dynamic loads on the deflections of gear teeth[J].Journal of mechanical design,1981, 103(2):357-363.

[83] YANG D C H,LIN J Y.Hertzian damping,tooth friction and bending elasticity in gear impact dynamics[J].Journal of mechanisms,transmissions,and automation in design,1987,109(2):189-196.

[84] TIAN X H.Dynamic simulation for system response of gearbox including localized gear faults[D].Edmonton:University of Alberta Edmonton,2004.

[85] SAINSOT AND P,VELEX P,DUVERGER O.Contribution of gear body to tooth deflections:a new bidimensional analytical formula[J]. Journal of mechanical design,2004,126(4):748-752.

[86] WU S Y,ZUO M J,PAREY A.Simulation of spur gear dynamics and estimation of fault growth[J].Journal of sound and vibration,2008,317 (3-5):608-624.

[87] 万志国,訾艳阳,曹宏瑞,等.时变啮合刚度算法修正与齿根裂纹动力学建模[J].机械工程学报,2013,49(11):153-160.

[88] MA H,SONG R Z,PANG X,et al.Time-varying mesh stiffness calculation of cracked spur gears[J].Engineering failure analysis,2014,44: 179-194.

[89] KIEKBUSCH T,SAPPOK D,SAUER B,et al.Calculation of the combined torsional mesh stiffness of spur gears with two- and three-dimensional parametrical FE models[J].Strojniški vestnik-journal of mechanical engineering,2011,57(11):810-818.

[90] WEI Z P.Stresses and deformations in involute spur gears by finite element method[D].Saskatoon:University of Saskatchewan,2004.

[91] 卜忠红,刘更,吴立言.斜齿轮啮合刚度变化规律研究[J].航空动力学报,2010,25(4):957-962.

[92] 唐进元,蒲太平.基于有限元法的螺旋锥齿轮啮合刚度计算[J].机械工程学报,2011,47(11):23-29.

[93] DRIOT N,PERRET-LIAUDET J.Variability of modal behavior in terms of critical speeds of a gear pair due to manufacturing errors and shaft misalignments[J].Journal of sound and vibration,2006,292(3-

5):824-843.

[94] OSMAN T,VELEX P.A model for the simulation of the interactions between dynamic tooth loads and contact fatigue in spur gears[J].Tribology international,2012,46(1):84-96.

[95] LIU G,PARKER R G.Impact of tooth friction and its bending effect on gear dynamics[J].Journal of sound and vibration,2009,320(4-5):1039-1063.

[96] ERITENEL T,PARKER R G.Nonlinear vibration of gears with tooth surface modifications[J].Journal of vibration and acoustics,2013,135(5):1-11.

[97] GUO Y C,PARKER R G.Analytical determination of back-side contact gear mesh stiffness[J].Mechanism and machine theory,2014,78:263-271.

[98] GUO Y C,PARKER R G.Purely rotational model and vibration modes of compound planetary gears[J].Mechanism and machine theory,2010,45(3):365-377.

[99] PARKER R G,WU X H.Vibration modes of planetary gears with unequally spaced planets and an elastic ring gear[J].Journal of sound and vibration,2010,329(11):2265-2275.

[100] INALPOLAT M,KAHRAMAN A.A dynamic model to predict modulation sidebands of a planetary gear set having manufacturing errors [J].Journal of sound and vibration,2010,329(4):371-393.

[101] MOHAMMED O D,RANTATALO M,AIDANPAA J O.Dynamic modelling of a one-stage spur gear system and vibration-based tooth crack detection analysis[J].Mechanical systems and signal processing,2015(54-55):293-305.

[102] SAXENA A,CHOUKSEY M,PAREY A.Effect of mesh stiffness of healthy and cracked gear tooth on modal and frequency response characteristics of geared rotor system[J].Mechanism and machine theory,2017,107:261-273.

[103] BACHAR L,DADON I,KLEIN R,et al.The effects of the operating conditions and tooth fault on gear vibration signature[J].Mechanical systems and signal processing,2021,154:107508.

［104］ 崔亚辉,刘占生,叶建槐.齿轮-转子耦合系统的动态响应及齿侧间隙对振幅跳跃特性的影响[J].机械工程学报,2009,45(7):7-15.

［105］ 卢剑伟,曾凡灵,杨汉生,等.随机装配侧隙对齿轮系统动力学特性的影响分析[J].机械工程学报,2010,46(21):82-86.

［106］ 石照耀,康焱,林家春.基于齿轮副整体误差的齿轮动力学模型及其动态特性[J].机械工程学报,2010,46(17):55-61.

［107］ 李文良.计及齿面摩擦的斜齿轮传动动态特性研究[D].哈尔滨:哈尔滨工业大学,2013.

［108］ 唐进元,陈海锋,王祁波.考虑间隙与摩擦时的齿轮传动动力学键合图建模研究[J].机械工程学报,2011,47(9):53-59.

［109］ CHEN S Y,TANG J Y,WU L J.Dynamics analysis of a crowned gear transmission system with impact damping:based on experimental transmission error[J].Mechanism and machine theory,2014,74:354-369.

［110］ MA H,PANG X,FENG R J,et al.Evaluation of optimum profile modification curves of profile shifted spur gears based on vibration responses[J].Mechanical systems and signal processing,2016,70-71:1131-1149.

［111］ CHEN Q,MA Y B,HUANG S W,et al.Research on gears' dynamic performance influenced by gear backlash based on fractal theory[J].Applied surface science,2014,313:325-332.

［112］ CHEN Q,WANG Y D,TIAN W F,et al.An improved nonlinear dynamic model of gear pair with tooth surface microscopic features[J].Nonlinear dynamics,2019,96(2):1615-1634.

［113］ 徐锐.齿轮滚刀快速选配系统的研究与开发[D].重庆:重庆大学,2010.

［114］ ANSI.Fundamental rating factors and calculation methods for involute spur and helical gear teeth:AGMA 2101:2004[S/OL].[2004-12-28].http://www.nssi.org.cn/nssi/front/107355616.html.

［115］ 王军,王孔徐,李世新,等.磨加工齿轮最大根切量的研究[J].洛阳工学院学报,1994,15(2):10-46.

［116］ 唐进元,肖利民.基于滚-磨工艺的实际重合度[J].长沙铁道学院学报,1996(1):63-67.

［117］ 李润方,王建军.齿轮系统动力学:振动、冲击、噪声[M].北京:科学出版社,1997.

［118］ MUNRO R G.A review of the theory and measurement of gear transmission error[J].Gearbox noise and vibration,1990,15:3-10.

[119] 唐进元.齿轮传递误差计算新模型[J].机械传动,2008,32(6):13-14.

[120] 陈思雨,唐进元,王志伟,等.修形对齿轮系统动力学特性的影响规律[J].机械工程学报,2014,50(13):59-65.

[121] 吴序堂.齿轮啮合原理[M].北京:机械工业出版社,1982.

[122] 汪中厚,宋小明,何伟铭,等.斜齿轮成形磨削齿向修形齿面模型构造与误差评价[J].中国机械工程,2015,26(21):2841-2847.

[123] 徐旭松.基于新一代GPS的功能公差设计理论与方法研究[D].杭州:浙江大学,2008.

[124] 石照耀,康焱.齿轮副整体误差及其获取方法[J].天津大学学报,2012,45(2):128-134.

[125] 中国国家标准化管理委员会.圆柱齿轮 精度制 第1部分:轮齿同侧齿面偏差的定义和允许值:GB/T 10095.1—2008[M].北京:中国标准出版社,2008.

[126] 彼得·艾伯哈特,胡斌.现代接触动力学[M].南京:东南大学出版社,2003.

[127] TUPLIN W A.Gear-tooth stresses at high speed[J].Proceedings of the institution of mechanical engineers,1950,163(1):162-175.

[128] BLANKENSHIP G W,SINGH R.A new gear mesh interface dynamic model to predict multi-dimensional force coupling and excitation[J].Mechanism and machine theory,1995,30(1):43-57.

[129] KOHLER H K,PRATT A,THOMPSON A M.Paper 14:dynamics and noise of parallel-axis gearing[J].Proceedings of the institution of mechanical engineers,conference proceedings,1969,184(15):111-121.